餐桌上的文化课

③

茶余饭后

安迪斯晨风 —— 著

陈丽丹 —— 绘

GUANGXI NORMAL UNIVERSITY PRESS
广西师范大学出版社
·桂林·

CANZHUO SHANG DE WENHUAKE　CHAYUFANHOU
餐桌上的文化课　茶余饭后

出版统筹：汤文辉　　　　　　　责任编辑：戚　浩
品牌总监：张少敏　　　　　　　助理编辑：纪平平
选题策划：李茂军　戚　浩　　　美术编辑：刘淑媛
责任技编：郭　鹏　　　　　　　营销编辑：赵　迪
特约选题策划：张国辰　孙　倩　特约编辑：孙　倩　冉卓异
特约封面设计：苏　玥　　　　　绘图助理：潘　清
特约内文制作：苏　玥

图书在版编目（CIP）数据

餐桌上的文化课. 3, 茶余饭后 / 安迪斯晨风著；陈丽丹绘. --桂林：
广西师范大学出版社，2024.4
　　（神秘岛. 小小传承人）
　　ISBN 978-7-5598-6797-1

　　Ⅰ. ①餐… Ⅱ. ①安… ②陈… Ⅲ. ①饮食－文化－中国－少儿读物
Ⅳ. ①TS971.202-49

　　中国国家版本馆 CIP 数据核字（2024）第 037918 号

广西师范大学出版社出版发行

（广西桂林市五里店路 9 号　邮政编码：541004）

（网址：http://www.bbtpress.com）

出版人：黄轩庄
全国新华书店经销
北京尚唐印刷包装有限公司印刷
（北京市顺义区马坡镇聚源中路 10 号院 1 号楼 1 层　邮政编码：101399）
开本：720 mm × 1 010 mm　1/16
印张：6.5　　　　　字数：80 千
2024 年 4 月第 1 版　　2024 年 4 月第 1 次印刷
定价：39.80 元

如发现印装质量问题，影响阅读，请与出版社发行部门联系调换。

吃是人的天性，即使在填饱了肚子之后，我们还是常常控制不住肚子里的馋虫，一有空闲时间就想吃点儿零食。

上古时代，肯定是没有"零食"这种说法的。那时人类需要在野外觅食，想吃饱很不容易，不管是水果、干果还是草籽、肉类，见到任何可以吃的东西都会塞进嘴里。进入农业社会后，虽然大多数平民还常常吃不饱饭，但王公贵族已经开始琢磨着除了主食、副食外还能再吃点儿什么。

各类水果和干果曾在很长一段时间里充当人类的主食，比如红枣、栗子、橡子等，都曾是拯救饥荒的"神器"。不过它们后来没能竞争过谷物和肉类，最终成为零食。随着物质逐渐丰富，人类不再满足于水果、干果等天然零食，而是利用自己的一双巧手，把米、面、油、糖这些日常食材混合起来，调制出丰富的味道，又设计出各种精妙绝伦的花色与外形，糕点就这样诞生了。

"饮""食"两个字密不可分，我们中国人的餐桌上，也总是少不了汤汤水水，无论是肉、菜煮成的羹汤，还是美酒佳茗，又或是浓滑香醇的鲜奶，都是我们饮食中重要的组成部分。炎热的夏季，一杯清凉的冷饮下肚，能让人暂时忘掉暑热；凛冽的寒冬，喝一碗冒着热气的汤，能让人感受到暖暖的幸福。

目录

水果

①

　　在原始社会时期，人类以采摘为生，野果是他们的主要食物之一。突然有一天，原始人灵光一闪：野外采集那么辛苦，为什么不在居住地旁边种一些果树呢？这样不就可以方便地摘到果子，想吃多少有多少，想什么时候吃就什么时候吃了吗？于是，人类挑选了那些味道好的野果进行栽培，渐渐地培育出了越来越多好吃的水果。那么，你知道我们的祖先吃的都是哪些水果吗？

桃李满天下

　　这是一道暗藏危险的数学题：三个人分两个桃子，请问怎么分？

　　春秋时期，齐景公有三员大将：公孙接、田开疆、古冶子。他们战功彪炳，但也因此居功自傲，见到朝廷大臣都爱搭不理的。大夫晏子对齐景公说，留着这几个莽夫迟早会发生祸端。于是齐景公听从晏子的建议，设了一个局。他把三位勇士请来，赏赐他们三位两个珍贵的桃子。三个人只

有两个桃子，这怎么分呢？晏子出了个主意，让他们比功劳，谁的功劳大谁就可以得到一个桃子。

公孙接抢先说："我曾徒手打死一只老虎，这功劳大吧！"说完他便拿走一个桃子。接着田开疆说："我率兵打仗，击败敌军，功劳更大，也可以吃一个桃子。"然后他也拿走了一个桃子。古冶子这才反应过来，可是已经没有桃子了。他拔剑大怒，历数自己的功劳，另外两人听到古冶子报出的功劳之后，都觉得自己太不像话了，便把刚才拿的桃子还了回去。羞愧之下，他们居然拔剑自刎了。这把古冶子吓傻了：为了桃子害死两位兄弟，这不是不仁不义吗？随后，他也羞愧地自尽了。

在这个故事里，桃子可真是个"惹祸精"。不过中国人到底是什么时候开始种植桃树、吃桃子的呢？

"桃之夭夭，灼灼其华。之子于归，宜其室家。"这两句来自《诗经》中一首庆贺婚嫁的诗——《周南·桃夭》，用桃花怒放的样子比喻新娘美丽的容颜和结婚的喜庆气氛。这首诗是周南地区的诗歌，也就是如今河南的西南部和湖北的西北部一带。"二桃杀三士"的故事则发生在春秋时期的齐国，也就是如今的山东、河北一带，这说明至少在公元前700年，黄河流域已经广泛种植桃树了。

如果打破砂锅问到底，齐鲁大地的桃子又是从哪里来的呢？古代的史书中没有提供更早的资料，但现代科技帮我们解开了这个谜。科学家在青藏高原的山沟里发现了一片世界上仅存的最古老的桃树林，其中最老的桃树有1000多岁了，长出的桃子与我们常吃的不一样，桃核没有布满皱纹，而是光溜溜的，所以科学家给这种桃树取名为"光核桃树"。经过采样和基因测序，科学家认为这里的光核桃树是全世界桃子的"祖先"，因此这片光核桃树又被称作"活化石"。

青藏高原海拔高，高寒、低氧，黄河流域则温暖、干旱，两地气候差异很大，不过桃树可一点儿也不娇气，它们从高原一路传播下来，到处生根、发芽、开花、结果。桃子不仅长得漂亮，还味道甜美有营养，难怪人们对它喜爱有加。

桃子还被人们赋予了神性光环。在古老的传说中，桃子总是跟神仙联系在一起。比如传说中的王母娘娘，她的花园里就种了一种仙桃，叫作"蟠桃"。相传，吃了王母娘娘花园中的蟠桃，可以"与天地同寿，与日月同庚"。每到蟠桃成熟的时候，王母娘娘就会开一个年度大派对——"蟠桃宴"，各路神仙只有在这场盛宴上才能分到一个蟠桃。

桃子常跟长寿联系在一起，比如民间年画中的老寿星，手里总是拿个大寿桃；家中老人过生日时，人们也会准备用面捏出的寿桃，寓意健康长寿、福如东海。

李子

在古代，李树也是一种被广泛种植的果树，其种植历史超过 3000 年，商朝时期的甲骨文中就有关于李树的记载。

李树适应性特别强，高温低温全不怕，在全国各地都能生长。在各地不同的气候条件下结出来的李子也有所不同，这便形成了不同的李子品种，有的酸甜可口，有的苦涩难吃；有的绵软，有的硬脆；个头大的像鹅蛋一样，个头小的只有樱桃那么大；还有红皮、紫皮、黄皮、绿皮、外青内红等诸多颜色的品种。即使是又酸又苦的李子，古人也不会浪费，而是把它们晒干后加糖做成果干，或者泡在蜂蜜里制成蜜饯，李子就变得又好吃又耐放了。

　　魏晋时期有个天才儿童叫王戎，他七岁时有一次和小朋友们在路边玩，看到路边的李树果实累累，把枝条都压弯了。其他小朋友一拥而上，抢着摘李子，只有王戎待在原地没动。别人问他为什么不去摘，他慢条斯理地说，如果李子是甜的，早被过路人摘光了，这棵李树长了这么多李子却没人摘，上面结的李子必然是苦的。众人摘下来一试，果真是这样。这就是"道旁苦李"的故事，后来，人们用这个成语形容被抛弃的、没用的东西或人。

瓜田李下

　　"瓜田李下"这个成语表面的意思是，经过瓜田的时候，不要弯腰提鞋，以免被人当成是在偷瓜；走到李树底下的时候，不要伸手扶帽子，以免被人误以为是在偷李子。这个成语的引申意义就是，君子都懂得避嫌。后来，"瓜田李下"也用来比喻容易引起怀疑的场合。

桃李不言，下自成蹊

　　"桃李不言，下自成蹊"的意思是，桃树和李树不会说话，但它们美丽的花朵和香甜的果实会自然地将人们吸引过来，以至于树下都被人们踩踏出了一条小路。这句话用于形容一个人品德高尚，即使不宣扬自己，也能使大众信服。

桃李满天下

　　史书《资治通鉴》中记载，唐朝名臣狄仁杰在朝为官时，选拔了很多优秀人才，夏官侍郎姚元崇等数十个他举荐过的英才均为一时俊杰。对此，当时有人评价说："天下桃李，悉在公门矣。"从那以后，"桃李满天下"就用来比喻推荐的人才或培养的学生、弟子众多，各地都有。

柑橘家族

长江流域是柑橘家族的地盘。柑橘家族是水果中的大家族，我们平时经常能买到的橘子、橙子、柚子、柠檬等水果都是这个家族的成员。在很早以前，柑橘这类酸涩的野果子就被人类驯化了。《山海经》这部先秦时期的古籍中就有关于橘子树、柚子树等柑橘类果树的记载。

我们熟悉的橘子是柑橘家族中的重要成员。《尚书·禹贡》中记载，4000多年前，大禹治水成功后分天下为九州，并规定各州要定期进贡本地最好的物产，其中扬州的贡品清单中就有橘子。在后来的历朝历代，橘子都是皇室贡品。

橘生淮南

橘子曾在一个有关地域歧视的外交事件中出现。事件的主角是"二桃杀三士"中的晏子，不过这一回发难的一方是楚王。

有一次，晏子出使楚国，楚王安排了盛大的欢迎晚宴来招待他。酒过半巡，几个官差绑着一个犯人来请示楚王如何处置，楚王故意问这个人犯了什么罪。官差回答，这人是齐国人，因偷窃被抓。楚王不怀好意地问晏子："齐国人本来就善于偷东西吗？"晏子回答："我听说这样一件事，橘树生长在淮河以南的地方结出来的是橘子，生长在淮河以北的地方结出的果子是枳。橘子酸甜好吃，枳却酸涩难咽。橘子和枳虽然叶子长得差不多，味道却是天差地别，这都是水土条件不同造成的。这个人在齐国不偷东西，怎么到楚国就偷起东西来了，莫非是楚国的环境使老百姓变得爱偷东西了？"楚王这下就无话可说了。

其实从植物学上来说，橘子和枳是两种完全不同的植物，根本不能互相变来变去。不过晏子说对了一点，就是橘树喜欢温暖湿润的环境。

楚国位于长江流域，此地气候温暖湿润，正适宜橘子生长。楚国大夫屈原作过一首诗《橘颂》来赞颂橘子，诗中写道："后皇嘉树，橘徕服兮，受命不迁，生南国兮。"橘子不愿意离开故土到外地生存，在屈原看来这代表着独立不羁的意志和忠贞不贰的爱国情操。

其实从生物学上来讲，受天气、温度、光照、水土等自然条件影响，很多植物都只能在特定的环境下生存繁衍，无法天南地北到处开花结果。如同一方水土养一方人，橘子在温暖的长江流域安家，是大自然选择的结果。正因为如此，橘树成了楚人的"摇钱树"。除了橘子，同属柑橘类水果的柚子也是楚地的特产，《吕氏春秋》中记载："果之美者……江浦之橘，云梦之柚。"意思是说，最好吃的水果要数楚地出产的橘子和柚子。

西汉司马迁所著的《史记》中记载，齐国在大海边，盛产海盐，楚地盛产橘子和柚子。司马迁将海盐和橘子、柚子相提并论，认为它们都是当地的特产。西汉时期橘树得到了较大规模的栽培，并且具有很高的经济效益。在当时如果谁能有一千棵橘树，其富裕程度相当于一个千户侯。

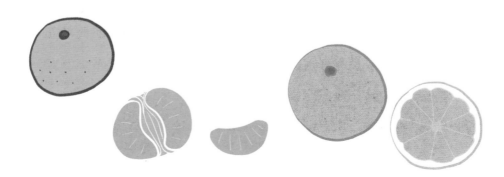

由于柑橘类水果的产量、贸易量越来越大，官府便开始收税。晋朝时，柑橘的种植被纳入官方管理，各个柑橘集中产区都设置了专门的橘官，负责经营柑橘生产、征收赋税和管理贡奉事务。

橘传万里

15世纪，橘子、柑子、橙子等柑橘家族成员从中国传入葡萄牙，后来又传到美国。当时西方的远洋船员常患上坏血病，一名医生偶然间发现补充维生素C可以治疗坏血病，而柑橘类水果正好富含维生素C，所以从16世纪下半叶起，荷兰人开始将柑橘类水果纳入船员的食物储备，船员们航行在海上时每天吃一点儿，就不容易得坏血病了。

如今，柑橘家族是全球产量最高、种植面积最大的一类水果，全世界有100多个国家都在种植柑橘类水果。

柑橘类水果营养丰富、气味清新、味道可口，而且汁液丰富，可以加工成果汁，如今柑橘汁是全世界出售最多的果汁。

妃子一笑荔枝来

荔枝在古代是一种非常贵重的水果，因为荔枝是热带水果，只在南方生长，古时，北方人想吃一颗荔枝非常困难。汉朝时，汉武帝对荔枝情有独钟，一心想把它移种到北方地区，可是荔枝就是无法在北方生长。史书上对此有一段血腥的记载：荔枝树从南方被移植到汉武帝的宫苑上林苑后，不管工匠如何细心呵护，还是一颗果子都不结。最后，因为气候、水土不适宜，荔枝树枯死了，连累几十个官吏被汉武帝下令处死。

不光荔枝树无法在北方生长种植，荔枝也无法经受长途运输。荔枝非常娇气，摘下后"一日而色变，二日而香变，三日而味变"，非常容易腐坏。

唐朝时，杨贵妃尤其钟爱荔枝，为此，每到荔枝成熟的季节，就有专人快马加鞭，连夜将荔枝运送到宫廷里来。对此，唐朝诗人杜牧曾写下诗句讽刺道："一骑红尘妃子笑，无人知是荔枝来。"

为了吃一口荔枝至于费这么大劲吗？唐朝宰相张九龄表示：至于。他在《荔枝赋》中称赞荔枝"味特甘滋，百果之中，无一可比"。唐朝诗人白居易也是荔枝的铁杆粉丝，他曾作诗将荔枝描述为只有天上才有的美味："嚼疑天上味，嗅异世间香。润胜莲生水，鲜逾橘得霜。"荔枝最有名的粉丝要数宋朝的苏轼。他被贬至岭南，本来是件倒霉事，他却从美食中找到了乐趣。岭南盛产荔枝这种美味的水果，在苏轼看来，只要有荔枝吃就别无所求了，于是他写下了"日啖荔枝三百颗，不辞长作岭南人"的诗句。这两句诗的意思是说，如果每天能吃三百颗荔枝，即便是长住在偏远的岭南，他也心甘情愿。

在古代，荔枝难以保鲜的问题一直没有得到有效解决。据清朝宫廷档案记载，有一次，从南方进贡来了一批荔枝，御膳房从中只拣出四十颗没坏的。宫里这么多人怎么分呢？按老规矩来：十颗供佛，两颗送给太后，两位太妃各得一颗，乾隆皇帝的皇后、妃嫔每人一颗。你没看错，就一颗！不知道她们吃到嘴里是不是还没品出什么滋味，这一颗荔枝就没了。

现在的情况大不一样了，就能吃到的水果而言，现代的每一个普通人都比过去的皇帝吃得还要好。随着现代栽培技术和交通的发展，荔枝这种昔日达官显贵才能享用的珍稀水果，如今已成为街头水果摊上日常可见的商品，而且远渡重洋，供应给全世界。

百果涌入

　　唐朝是历史上中国对外交流非常频繁的一个时期，唐太宗李世民还被西域各族尊称为"天可汗"，万国来朝。在对外交流的过程中，中国栽种的果树种类达到上百种，其中近半数来自国外。许多水果，比如杧果，就是在此期间被引入中国的。明清以后，大航海时代使得全球各地区之间的交流更加频繁，联系更加紧密，更多其他地区的水果进入中国，比如菠萝、火龙果就是在这个时期进入中国人的果盘的。

杧果

　　杧果可能是印度人最早开始种植的，考古学家曾经在印度寺院里的古代壁画上发现了杧果树图案。第一个吃到杧果的中国人可能是唐朝高僧玄奘法师。玄奘从唐朝都城长安出发，一路西行游历西域，《大唐西域记》这本书就记载了他游历过程中的所见所闻。书中有一句"庵波罗果，见珍于世"，"庵波罗果"就是杧果。相传，是玄奘法师从印度带回种子，把杧果引入中国的。

要命的西瓜

一次要命的出行，让中原地区的人认识了西瓜。

大约一千年前，后晋人在北方强大的游牧民族契丹的威胁下过得战战兢兢。胡峤原本是后晋的县令，后晋被契丹所灭之后，他被契丹贵族萧翰选中，随同萧翰前往契丹都城，没想到这趟差事却让他差点儿丢了性命。在契丹，萧翰被杀，胡峤沦为俘虏，被扣押了数年。在远离家乡的漠北，他吃到了一种前所未闻的水果——西瓜，并将此瓜写入回忆录《陷虏记》里："遂入平川，多草木，始食西瓜，云契丹破回纥得此种，以牛粪覆棚而种，大如中国冬瓜而味甘。"这是中国人的文字记录中首次出现"西瓜"这个词。

在内蒙古赤峰市敖汉旗羊山 1 号辽墓壁画中，考古人员发现了目前我国已知的最早的西瓜图。图中，墓主人的前方摆放着一张桌子，桌上有两个大果盘：一盘盛放石榴、桃等水果，另一盘盛有三个长圆形的西瓜。

为了给皇宫供应时令果品，辽国朝廷在陪都南京城辟建了"内果园"。史书记载："内果园，植种较多的有枣、栗、桃、杏、梨等，还有西瓜。"辽国的南京城就位于今天北京市区的西南部。如此算来，西瓜在北京地区已有 900 多年的种植历史，而且最初种植数量少，是皇家果园中的珍品。

西瓜在中国被大规模种植是南宋时期，说来也巧，这是缘于一次出使。当时北方女真族势力强大，灭了辽国建立了金国。这次的"吃瓜群众"是南宋官员洪皓，他奉命出使金国，被扣留在金国，而且扣留时间长达 15 年。洪皓归国时带回了西瓜种子，由此西瓜开始在中原地区和杭州等地被种植。

洪皓也写了一本回忆录叫《松漠纪闻》，其中明确写到他带回了西瓜种子："西瓜形如匾蒲而圆，色极青翠，经岁则变黄，其颩（dié）类甜瓜，味甘脆……予携以归。"

从那以后，更多与西瓜有关的文字记载开始出现了。南宋诗人范成大写过一首绝句《西瓜园》，诗中写道："碧蔓凌霜卧软沙，年来处处食西瓜。"前一句讲西瓜生长在沙壤地，后一句则描述了在西瓜收获季节，到处都有人吃西瓜的场景，可见当时人们对西瓜的喜爱。

据记载，元朝时期，每年各地陆续向元大都宫廷进献的果子不仅有桃子、李子、葡萄、核桃，还有西瓜。

到了明朝，西瓜的种植规模不断扩大，在南方和北方皆有种植，成为常见的水果。

西瓜汁多性凉，又在夏季大量上市，是天生的消暑佳品。古代的有钱人家会将西瓜瓤制作成冰晶冷饮，而穷人家把西瓜摘下后放到水井里冰上半天再捞上来吃，也能吃得"遍体生凉"。南宋诗人文天祥作有一首《西瓜吟》："拔出金佩刀，斫破苍玉瓶。千点红樱桃，一团黄水晶。下咽顿除烟火气，入齿便作冰雪声。长安清富说邵平，争如汉朝作公卿。"诗中描述的正是吃西瓜消暑的场景，看得人直咽口水。

如今，西瓜种植遍布天南海北，就近给各地的人们提供了新鲜美食。西瓜种植起来也不太费力，只要有土有水就能自由自在地生长，农民们一般种完西瓜再种菜，获得的经济效益很高。现在，我国是世界上最大的西瓜生产与消费国，西瓜也成为农民们脱贫致富、持续增收的"金瓜"。

古代的苹果

在很多人看来，苹果与西方文明有着千丝万缕的联系。比如，《圣经》中的亚当和夏娃因为偷吃了智慧之树的果实苹果而被逐出伊甸园；希腊神话中，金苹果引发了持续 10 年的特洛伊战争；童话里，白雪公主因吃了毒苹果而昏迷不醒；传说中，牛顿被苹果砸中脑袋而受到启发，发现了万有引力……总之，跟苹果有关的故事似乎总发生在西方。其实，我们中国古代早就有原产本地的苹果，而且是全世界苹果的基因来源之一。

柰

如今，在中国栽培的苹果主要分为两大类：一种是口感清脆的西洋苹果，以红富士为代表；一种是口感绵软的绵苹果，它就是原产中国的苹果，最早的名字叫"柰（nài）"。

在湖北一座战国时期的墓葬中，考古人员发现了一枚完整的苹果核，一同出土的还有板栗、生姜、樱桃和梅子等作物的种子。这表明至少在战国晚期，楚地已栽培有苹果。

除了考古发现，还有不少宝贵的古代文字资料留存至今，可供后人追溯中国苹果的历史。西汉文学家司马相如的《上林赋》中有一句"亭柰厚朴"，说明汉朝的官方园林上林苑中栽培有柰。汉朝古籍《西京杂记》更详细地记载了上林苑中栽培有紫柰、白柰和绿柰这三种柰。如此算来，柰这种苹果在我国已经有 2000 多年的栽培历史了。

古代笔记小说集《世说新语》里有一个故事。晋朝时有名的美男子潘安，不仅长得好看，文采也出众，年纪轻轻就进京做了官。潘安经常乘坐着华丽的车子到郊外去游玩，每次出游时，年轻的妇女们都争相围观，甚至引发了交通拥堵，就连老婆婆也争着往他车上投掷水果以表达爱慕之情。所以，他每次出门都会满载而归。

虽然故事中没有提到妇女们都往潘安的车上投了哪些水果，但潘安闲居于洛阳时所作的诗赋《闲居赋》中就有句子提到柰："三桃表樱胡之别，二柰曜丹白之色。"另外还有古籍记载，北魏京城洛阳的承光寺种的柰非常好吃，"柰味甚美，冠于京师"。说明在魏晋南北朝时期，洛阳地区产的柰已经颇有名气。

柰被大量种植是在魏晋南北朝时期，当时的农学著作《齐民要术》对柰的品种、栽培技术、加工利用都进行了详细的总结。当时关于柰的文字记载有很多。比如西晋文学家左思所著的《蜀都赋》中描写成都附近"朱樱春熟，素柰夏成"，"素柰"即白色的苹果花。关于素柰还有一个典故，晋成帝的杜皇后去世后，当时的女子们便将素柰佩戴在头上，以此哀悼杜皇后。

柰还被用于祭祀。曹植曾向曹丕"乞请白柰二十枚"用以祭祀先王。晋朝文学家卢谌所著的《祭法》中也提到用柰做祭品："夏祠法要用白柰，秋祠法要用赤柰。"

魏晋南北朝时期，皇室也常将柰作为奖品赏赐给大臣。北魏的猛将奚康生屡建战功，皇帝给他的赏赐里就有柰。不少文人还因受赐柰而写诗赋谢恩。

在漫长的岁月中，"柰"这个名字逐渐被"频婆""频果""苹婆"所取代，被人们遗忘了。

西洋苹果

现在我们常见的那种又大又红的"洋苹果"出现在中国的时间比较晚。清朝末年，美国传教士将一种叫"apple"的水果引进山东烟台种植，中文译名为苹果。为了与中国原产的绵苹果区别开，这种苹果又被称为"西洋苹果"。随着西洋苹果在中国大规模推广，尤其是 20 世纪晚期引入的红富士苹果更是得到广泛种植，使得中国原产的绵苹果渐渐消失在人们的视野中。因此，"苹果"一词现在多指西洋苹果。

苹果的起源

绵苹果也好，西洋苹果也好，它们的起源地在哪里呢？在青藏高原。科研人员在我国新疆天山山脉深处发现了大片野苹果林，通过基因测序发现，如今全世界栽培的苹果就起源于这里。这片野苹果林已经有 2000 多万年的历史，天山山脉特殊的地理气候使这里的野苹果林躲过了第四纪冰川期，后来逐渐传播至其他地方。

新疆的野苹果是经由哪条路到达中国内地和欧洲各地的呢？这个问题目前仍然是学术界讨论的话题。不过，可以肯定的是，从西亚一直到欧洲，苹果在各地都有着许多美丽的传说：智慧树、金苹果、白雪公主……

古代的皇家果园

在 2000 多年前，汉朝都城长安有一座规模宏大的皇家园林，名叫上林苑。好大喜功的汉武帝登上皇位后，下令大规模扩建上林苑，并要求各地进献珍禽异兽和奇花异草。来自天南地北的动植物，凡是京城里难得一见的，统统被纳入上林苑。

上林苑规模宏大，世所罕见。司马相如写过一篇《上林赋》，用极尽华丽的辞藻描绘了上林苑里的物种，比如其中种类繁多、绵延不绝的果树林："卢橘夏熟，黄甘橙楱（zòu），枇杷橪柿，亭柰厚朴，樗（yǐng）枣杨梅，樱桃蒲陶，隐夫薁棣（yùdì），荅遝（dátà）离支，罗乎后宫，列乎北园。"光是水果，上林苑中栽培的就有这么多品种。除了水果外，上林苑中还有各种奇花异草，美不胜收。古代地理文献《三辅黄图》中记载，上林苑中仅仅是灭南越、建扶荔宫移栽的植物就有"菖蒲百本；山姜十本；甘蔗十二本；留求子十本；桂百本；蜜香、指甲花百本；龙眼、荔枝、槟榔、橄榄、千岁子、甘橘皆百余本"。

为了伺候好这些珍贵的植物，上林苑配备了专业的园艺师，可以说上林苑当时是世界上最大的植物园。不过，那些原本生长在南方亚热带地区的植物绝大多数都无法适应北方的气候，有的侥幸栽种成活了，也无法开花结果。但这并不是在做无用功，从西域引进的葡萄、胡桃、苜蓿等植物在上林苑中试种成功以后，就被推广到了全国各地。

干果

②

　　甜美多汁的水果虽然好吃，却有一个致命的缺点：不易贮藏和运输。古人发挥聪明才智，发明了多种多样的保鲜技术，如沟藏和窖藏法、液体保鲜法、蜡封保鲜法等。除此之外，人们为了延长水果的保存时间，还将水果脱水做成干果，比如红枣和桂圆，晒干之后就能保存很长时间。另外，还有一些果子本身就没有什么水分，比如栗子和核桃，这些果子也被称作"干果"。

古代的干果

银杏果

有一次，北宋文学家欧阳修收到远方老朋友赠送的礼物，十分感动，就写了一首诗作为纪念。诗中有两句"鸭脚虽百个，得之诚可珍"，意思是说，虽然只是收到了一百个"鸭脚"，但这样的礼物很值得珍惜。你会不会觉得很奇怪，难道古人用鸭子脚做赠礼？其实他说的"鸭脚"是银杏树的果子——银杏果。

为什么银杏果被叫作"鸭脚"呢？因为银杏叶的形状跟鸭子的脚很像，所以银杏树还有一个俗称叫"鸭脚树"，"鸭脚"也就被用来指银杏果了。

银杏是一种十分古老的植物，生长历史可以追溯到遥远的侏罗纪恐龙时代。银杏属于银杏目，在上亿年的漫长时光中，和它同一个目的其他种类的植物全都灭绝了，只有它保存下来，所以它被人们称作"活化石"。

银杏果的颜色和形状很像杏子，如果你剥开外面的薄皮和果肉，会看到里面的果核有一层白而亮的坚硬薄壳，"银杏"之名由此而来。另外，银杏果还有个名字叫"白果"。再剥开果核的这层白壳，就能看到里面黄绿色的果仁——银杏的种子。

银杏果的果仁可以生吃，但大量生食可能引起中毒，所以大家一般会做熟了再吃，比如放在沙子里炒熟，虽然略有一点儿苦味，但是苦中带甜，回味无穷，所以深得古人喜爱。南宋诗人杨万里吃完炒银杏果后诗兴大发，写了一首诗《银杏》："深灰浅火略相遭，小苦微甘韵最高。未必鸡头如鸭脚，不妨银杏伴金桃。"

　　除了当零食外，银杏果也能用来做菜，比如山东郯城的蜜汁白果、苏州的香炒热白果、四川青城的白果炖鸡，还有著名的孔府菜诗礼银杏等，都是让人垂涎三尺的美味。

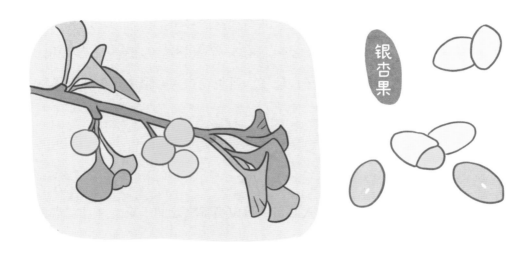

银杏果

枣子

　　枣树是从野生酸枣（古代叫"棘"）驯化而来的，到现在已经发展出数百个品种。其中有一些品种的枣子被当作水果吃，比如我们熟悉的冬枣，咬一口又脆又甜。也有一些品种的枣子适合晒成干果食用，比如沧州金丝小枣、新疆和田大枣。中国是枣子的故乡，考古学家在我国七八千年前的人类活动遗址中就发现了枣化石。

枣子对我们来说是一种零食，对古人可大不一样，在古代发生饥荒的时候，枣子是可以当粮食救命的！

《豳风·七月》里有一句"八月剥枣"，这里说的"剥枣"其实是打枣，就是用长长的竹竿或者木棍把枣子从树上打下来。新鲜的枣子汁多肉甜，但不易保存，所以人们常把它们晒成干果，留着当口粮慢慢吃。

因为可以充作粮食，枣子在古代有着很高的经济价值。司马迁在《史记》中记载，安邑这个地方盛产枣子，如果一个人在这里拥有一千棵枣树，那他的富裕程度就相当于一个千户侯了。可见在古人心目中，枣子就是财富的象征。

栗子

和枣子一样，栗子也是古人心目中可以当粮食吃的干果，并且常常和枣子结伴出现。

战国时期思想家韩非的著作总集《韩非子》中就记载，秦国有一次发生了饥荒，应侯范雎（jū）建议秦王开放官方园林，把园中的枣子、栗子、橡果发给饥民们充饥。

记载战国时期历史的《战国策》中更提到，燕国有着盛产枣子和栗子的优势，因此即使是在粮食歉收的时候，老百姓也不至于饿肚子。燕国的领地就在现在的河北省北部，著名的迁安板栗和良乡栗子都出自那里。

南北朝时期，有一个叫王泰的人，他小时候非常聪明又很讲礼貌。有一次，他的祖母把孙子们召集到一块儿，给他们撒枣子和栗子。别的孩子都争先恐后地抢，唯独王泰不争不抢。有人问他为什么不拿，王泰回答说："我不去争抢，自然会得到赏赐。"后来祖母果然赏给了他很多好吃的枣子和栗子。

后来古人把这个故事和我们熟悉的"孔融让梨"的故事结合到一起，组成了一个成语——"让枣推梨"，用来形容兄弟之间友爱、谦让、礼貌相处。

西域传入的干果

核桃

西晋文人张华在《博物志》中记载，汉武帝时期，张骞从西域带回了胡桃种子。胡桃就是现在我们所说的核桃。未成熟的核桃外表是绿色的，等完全成熟后，外层的果皮就会剥落，露出里面凹凸不平的、黄色的壳。砸开壳后就能看到四瓣果仁静静躺在里面——看起来像是人的脑子，所以人们按照"以形补形"的朴素观念，认为吃核桃可以补脑。

生核桃仁直接吃会有轻微的苦味，晒干炒熟后吃起来就又香又脆，十分可口了。核桃仁富含蛋白质、脂肪以及多种维生素，营养价值很高，所以核桃也被古人称为"长寿果"。

晋朝博物学家郭义恭在《广志》中记载："陈仓胡桃，薄皮多肌。阴平胡桃，大而皮脆，急捉则碎。"陈仓位于今天的陕西省宝鸡市陈仓区，阴平位于今天的甘肃省文县，这两个地方在古代以优质核桃产地著称，出产的核桃皮脆肉厚。现在核桃在全国多地都有种植，其中新疆纸皮核桃具有皮薄仁大又好剥的特点，深受人们喜爱。

青皮核桃

开心果

开心果是一种很常见的干果，它的历史相当久远，唐朝时就已经从波斯，也就是现在的伊朗传入我国了。开心果在古代名叫"胡榛子"，它还有一个好听的名字叫"阿月浑子"。明朝医学家李时珍在《本草纲目》中记载："阿月浑子生西国诸番，与胡榛子同树，一岁胡榛子，二岁阿月浑子也。"这里说的就是开心果。

开心果成熟以后果壳会自动打开，就像张开的贝壳。开心果的果仁是淡绿色的，味道鲜美，有一种特殊的香味，可以生吃，也可以炒熟后吃。

巴旦木

巴旦木也是一种干果，听名字就能猜到它是从域外传入的。有人管它叫"美国大杏仁"，其实它既不是美国产的，也不是杏仁，而是原产波斯的扁桃的果仁，扁桃也叫"巴旦杏"。

和开心果一样，巴旦木也是唐朝时传入中国的。唐朝志怪小说家段成式在《酉阳杂俎》中记载："偏桃，出波斯国，波斯国呼为婆淡。……花落结实，状如桃子而形偏，故谓之偏桃。其肉苦涩，不可啖，核中仁甘甜。"不管是"偏桃"还是"婆淡"，指的都是扁桃。宋朝以后，国内种植扁桃的地方也多了起来。目前，我国的巴旦木主要产于新疆等气候干燥的地区。

花生和葵花子

除了吃，有些干果还可以用来榨油，比如我们日常生活中常见的花生和葵花子，它们都是在明朝后期才从南美洲引入中国的。所以明末之后，我们不仅多了两种好吃的零食，还吃上了用便宜的花生和葵花子榨出的油。

花生

花生原产于南美洲的巴西、秘鲁一带，直到明朝中后期，大航海时代开启之后，才传入我国沿海的福建一带，进而传播至我国更多地方。因为花生地上开花，地下结果——花落以后，花里的子房就会钻入地下长大结果，所以也叫"落花生"。不过，最早传入我国的小花生产量不高，品相也不好，所以一直没有受到重视，种植得不多。

清朝康熙年间，人们引入了一种产量很高、适应性也很强的大花生，并在全国范围内推广开来，最早传入的小花生逐渐绝了种。

花生适合拿来做佐餐下酒的小菜，后来人们又发现花生能用来榨油，于是种植花生的人家越来越多。现在我国种植最广的花生品种，是清朝末年从美国传入的"弗吉尼亚种"，这种花生的颗粒特别大，色泽红润、外表光亮，不仅能适应北方干燥少雨的气候，甚至在沙地上也能生长，所以很快成为花生界的"明星"。

花生的吃法数不胜数，可以生吃，可以煮熟之后跟蔬菜一起凉拌，也可以做油炸花生米，或者裹上多种口味的调料做成多味花生，还可以制成花生酱、花生糕、花生糖……说花生是我国干果界首屈一指的"老大哥"，一点儿也不为过。

葵花子

我们今天说的瓜子，一般指葵花子，但这种约定俗成的叫法其实只有不到 100 年的历史。

历史上最早流行的瓜子是西瓜子，也就是我们俗称的"黑瓜子"。明朝宦官刘若愚的笔记《酌中志》记载："先帝爱鲜莲子汤，又好用鲜西瓜种微加盐焙用之。""先帝"指的万历皇帝，说明早在明朝时期，西瓜子已经是深受人们喜爱的小零食了，而且得到了皇帝的青睐。到了清朝乾隆时期，逢年过节小贩卖西瓜子的叫卖声，已经和爆竹声一起成为人们熟悉的节日背景音。

葵花子是向日葵的果实。向日葵原产于南美洲，在明朝中期来到了中国，但是在很长一段时间里，人们都只是把它当成花卉来栽培。明清时期有一部记载蔬菜花果等植物的著作——《广群芳谱》，其中把向日葵记为"西番葵",说它"茎如竹,高丈余,叶似蜀葵而大,花托圆二三尺,如莲房而扁,花黄色,子如蓖麻子而扁"。而且,明朝人认为吃了葵花子会堕胎,所以好长一段时间里都没多少人爱吃它。

清康熙年间出现了"向日葵,其子老可食"的记录,说明这时人们开始重视葵花子的食用价值了。直到民国时期人们才真正发现了葵花子的美味,炒葵花子迅速成为流行全国的小零食。1930 年,黑龙江省的《呼兰县志》中就有当地大面积栽种向日葵的记载。

虽然我们中国人嗑葵花子的历史并不长,却嗑成了国民特色。如今,几乎每一个中国人都会嗑葵花子。据说想要分辨中国人、日本人和韩国人,最简单的办法就是给他们一把葵花子,会嗑的大概率是中国人。

　　虽然知道油炸食品吃多了不利于健康，可是大多数人看到香喷喷的炸鸡、炸鱼、炸薯条，还是会垂涎三尺。古人当然也不能免俗，北宋科学家沈括在《梦溪笔谈》中提到，当时北方人喜欢用芝麻油煎东西吃，吃什么都要煎上一煎。

　　西汉以前，我们的祖先就会通过加热动物脂肪炼出油来煎东西吃。从牛羊等有角动物身上提取出的油叫"脂"，猪油叫"膏"。周天子专享的八珍中有好几道菜是用脂或膏烹制的。

　　不过，只要气温稍微低一点儿动物油就会凝固，所以用动物油煎炸的食物放冷了，口感就会变得很差。而且在古代，很多老百姓都吃不起肉，动物油就更难吃到了。因此，汉朝以前煎炸食物并不流行，更没有炒菜。

汉武帝时期，张骞从西域带回可以榨油的胡麻，也就是我们今天说的芝麻。芝麻油是中国最早的食用植物油，《齐民要术》中记载了一道菜肴叫"炒鸡子"，做法就是用芝麻油炒鸡蛋。

　　除了芝麻外，油菜籽、大豆也是古代比较常见的油料作物，另外古人还曾用杏仁、蔓菁子、蓖麻甚至苍耳子来榨油，但口感和产量都不太好。

　　到了清朝，从南美洲传入的花生和葵花子成为油料作物的主力军，特别是花生压榨的油，产出很高，而且炸完东西之后依然色泽清亮、毫无异味，所以就成为最受欢迎的食用油之一。

糕点

③

中式糕点样式精美、口味丰富、各具特色。月饼、枣糕、荷花饼、甑糕……几乎每一种传统中式糕点都有一个美好的寓意。最有代表性的当数中秋节的月饼，只要吃上一口这种象征团圆的糕点，游子们心中就会涌起思乡之情。

中式糕点历史悠久，小小的糕点存留着食材的演变、制作工艺的进步等诸多历史印迹，此外还与节日节气、地方民俗等融合，形成了博大精深的中式糕点文化。

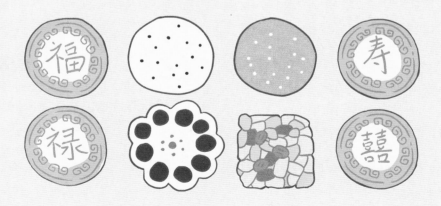

糕点的诞生

点心是正餐之外的小食，既不同于正规的米饭、面食，又不同于水果、干果等零食，通常指糕、饼之类用粮食做的熟制食品，所以又叫"糕点"。不过最早的时候，用粮食做成的方便熟食并不叫"糕点"，"糕"字是后来才被发明出来的，在那之前，这些食品有各式各样稀奇古怪的名称。

饵

我国糕点起源于商周时期，最初叫作"饵"，是用稻米或黍米做原料，把它们磨成粉，蒸成饼状做成的食物。《周礼》记载："羞笾（biān）之实，糗（qiǔ）饵粉餈（cí）。"意思是说，古代举办祭祀宴飨时，进献的食物要装在竹子编的器具中。进献的是什么食物呢？就是"糗饵"和"粉餈"。"糗"是用炒熟的大豆捣成的粉，"糗饵"就是沾着豆粉的蒸米饼，沾豆粉是为了防止其发黏。

《楚辞》中的糕点

《楚辞》是一部收录春秋战国时期楚地诗歌的诗歌总集，里面的《招魂》中有一句"粔籹（jùnǔ）蜜饵，有餦餭（zhānghuáng）些"。其中的"粔籹""蜜饵"都是用蜂蜜和稻米、面粉做成的食物，而"餦餭"则是古代的麦芽糖。

粗粝是什么样子的呢？在《齐民要术》一书中，贾思勰说，粗粝的主料为糯米粉，做法是先用水和蜂蜜将糯米粉和成团，然后把糯米团揉成20多厘米的细长条，之后将其首尾对接，扭成环形，下锅油炸。做法跟我们现在吃的馓子或者麻花很像。

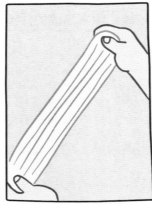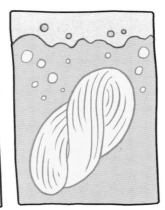

《楚辞》中还有一篇《九章·惜诵》，诗中有一句"播江离与滋菊兮，愿春日以为糗芳"，意思是说，种植香草和菊花，等到春天把它们加入炒熟的粮食中，就制成了美味的糗芳，也就是芳香的干粮。

楚国地处富饶的江汉平原，是物产丰富的鱼米之乡，《楚辞》里面提到的粗粝、蜜饵、糗芳都是我国糕点的雏形。

汉朝时，圆形石磨推广开来，有了这个工具，稻米、麦粒可以被磨成更加细腻的粉。再加上东汉时期人们发明了人工养殖蜜蜂的方法，可以更方便地获取蜂蜜，饴糖（麦芽糖）的制法也逐渐成熟，所以汉朝以后糕点的种类越来越多。

白茧糖

白茧糖就是我们现在说的米糕。成书于南北朝时期的食谱《食次》中就记录了白茧糖的制作方法："熟炊秫（shú）稻米饭，及热于杵（chǔ）臼（jiù）净者舂（chōng）之为糍（cí），须令极熟，勿令有米粒……"也就是将糯米蒸熟后趁热捣成糍粑，然后切成桃核大小，晾干后油炸，最后滚上糖即可食用。这种用糖和糯米制成的甜点，在当时深受人们的喜爱。

蓬饵

《西京杂记》中记载，在九月九日重阳节这天，有佩戴茱萸、吃蓬饵、喝菊花酒的习俗，据说这样能使人长寿。蓬饵就是一种用蓬蒿、黍米粉、蜂蜜制成的糕点。

点心的由来

在很久以前，古人一天只吃两顿饭，两餐之间时间太长饿了怎么办？人们把这中间用于充饥的食品叫作"点心"。为什么叫这个名字呢？也许是因为饿的时候心容易发慌，小小"点心"可以安心宁神。

记载宋朝各种传闻琐事的《鸡肋编》中有这么一个故事："上觉微馁，孙见之，即出怀中蒸饼云：'可以点心。'"皇帝上早朝时有点儿饿，一位姓孙的大臣察觉到了，便从怀中掏出一只蒸饼给皇帝，请他暂且当点心垫垫肚子。

关于点心，还有个有趣的故事。唐朝时有个叫郑修的官员，生性吝啬，对家里的食物管得很严。他把食物都锁在仓库里，吃的时候要按人头准备份数，绝不允许多吃多占的行为。有一天，他的夫人早起梳妆，看到弟弟还在旁边等着吃早餐，便让弟弟先去吃点心，等她梳妆完毕再一起进餐。女仆便去郑修那里拿仓库钥匙取点心。取完点心还回钥匙后，没过一会儿女仆又来拿钥匙了，这回是夫人要吃点心，惹得郑修一肚子牢骚。

唐朝糕点大爆发

唐朝时，制糖技术有了飞跃式发展。唐太宗派使者去印度学习并引入了用甘蔗制作砂糖的"熬糖法"，从那以后，便出现了更多香甜可口的糕点。著名的日式糕点"和果子"就是由唐朝的糕点"唐果子"发展演变而来的。

在新疆吐鲁番阿斯塔那唐墓中，考古人员发现了不同风格的面食糕点，外形有梅花形、菊花形、四棱形、四瓣形、八瓣形等。这些糕点制作精美，是以小麦粉为原料，捏制或用模具压制而成的。科研人员通过进一步检测发现，这些唐朝糕点所用的面粉加工精度较高，属于精面粉，粉质特别光滑细腻，这说明当时的糕点制作技艺已经相当高超。

唐朝人还极富审美意趣，把糕点做得美如艺术品，尤其以唐朝的宫廷茶点为代表。

鹿糕馍

唐朝法典《唐六典》中记载了一种叫"食禄糕"的糕点，现在叫"鹿糕馍"，是一种圆形的烙馍。这种烙馍有一定厚度，正中有一个小坑，印着朱砂红的小梅花鹿图案，故名"鹿糕馍"。这种糕点泡水不会软烂，干吃也不会过硬，怎么吃都好吃。相传，鹿糕馍本来的名字叫"柱丁石馍"，有一次武则天看见这种馍，便用小鹿印章在上面印了梅花鹿图案，鹿糕馍由此得名。

无独有偶,杨贵妃的姐姐虢国夫人也对糕点情有独钟,她喜欢一种吃起来很有弹性的糕点——透花糍。这种名字好听的糕点,是现代糯米糍的祖宗。相传,透花糍是虢国夫人府上一名叫邓连的厨师所做。透花糍以豆沙为馅,用糯米捣成的团做皮,外形是花朵的样子。之所以占得一个"透"字,是因为透花糍看上去轻盈透明,十分可爱。

毕罗

毕罗是唐朝时流行的一种糕点,也叫"饆饠",一听名字就能感受到它带有强烈的西域风情。毕罗是从西域传入的,名字也是胡语的音译。毕罗有点儿像今天的馅饼,一般是用油煎的,可甜可咸。甜口的毕罗可以用樱桃做馅,这样透明的饼皮会呈现出淡淡的粉色,就好像夕阳映衬下的西域大漠。唐文宗时的左金吾卫大将军韩约就擅长做樱桃毕罗。

飞入寻常百姓家

前面提到的那些唐朝糕点主要是供应王公贵族的，下面要讲的这些宋朝的糕点则比较平民化。

宋朝时，民间的厨师们大开脑洞，制作出了各种各样的糕点。在北宋都城东京开封，街上的饮食店出售的糕点有乳糕、栗糕、枣糕、重阳糕、镜面糕、牡丹糕、荷叶糕、月饼、芙蓉饼、菊花饼、梅花饼、甘露饼、酥皮烧饼、油酥饼等。而在南宋都城临安则有糖糕、发糕、雪糕、乳糕、蜜糕、豆糕、线糕、栗糕、花糕、糍糕、蜂糖糕、小甑糕、间炊糕、蒸糖糕、重阳糕等诸多糕点。当时的糕点一般是用米粉做的，现代中式糕点制作仍沿袭古法，也多用米粉。

酥黄独

南宋美食家林洪所著的《山家清供》中记录了一种独创的糕点——酥黄独。做法是先把香榧（fěi）和杏仁碎调成酱，拌入面粉浆中，再将熟芋头片裹上面粉浆后下锅油炸，炸熟即可食用。油炸的焦香，配合浓郁的酱香，

酥黄独

让人欲罢不能；焦脆的外壳包裹着软糯的熟芋，层次分明，妙不可言。林洪称其为"世罕得之"，世间少有的美食。他在吃得高兴的同时，也没忘了赋诗称赞："雪翻夜钵裁成玉，春化寒酥剪作金。"

高丽栗糕是宋朝以后流行的一种糕点，做法是先将栗子阴干后去掉壳，然后捣烂成粉状，再加入糯米粉，用蜂蜜水拌匀，最后入锅蒸熟。女真人的居住地靠近高丽，也就是今天的朝鲜，相传这款糕点是女真人先传入朝鲜，再传入中原的。

重阳糕

描述北宋开封府风土人情的《东京梦华录》中记载，重阳节前一两天，人们就开始制作重阳糕了，做法是先用米粉或面粉做蒸糕，之后在蒸糕上面插上小彩旗，嵌入石榴籽、栗子、银杏果、松子之类的果实，有的还会

在上面嵌入肉丝。还有一种叫作"狮蛮"的重阳糕，其得名是因为糕上放置了用米粉或面粉做的"狮子"和"蛮王"。

"糕"与"高"同音，吃糕有吉祥的寓意。重阳糕可甜可咸、老少皆宜，曾作为皇家馈赠给大臣的重阳节礼物。现在有些地方还保留着重阳节制作重阳糕的风俗。

枣糕

枣糕就是将煮烂的红枣和面粉、蜂蜜等搅拌和匀后蒸制而成的糕点，在五代时就已经出现了。当时的寺庙会提供枣糕给人吃，记载五代杂闻的《云仙杂记》中写道："宣慈寺每求化人，先留食软枣糕。"

明清时期的糕点

明朝时期，糕点的品种大大增加。这一时期流行的糕点有酥饼、烧饼面枣、雪花饼、芋饼、白酥烧饼、薄荷饼、麻腻饼子、松糕、五香饼、裹糕、夹沙糕、粽子、松子饼、酥儿印、椒盐饼、素油饼、到口酥、柿霜清膈饼、糖薄脆等，不胜枚举，足以让人大饱口福。皇帝还会在每年四月初八和冬至的时候给百官赏赐糕点，以示恩泽。

很少有人抵挡得住糕点的诱惑，不过，明朝医学家李时珍却从健康角度劝人们不可贪吃糕点。他说，用米粉和糖做成的糕点不好消化，最好不要让小孩吃。事实也的确如此，小孩子吃多了糕点不但不容易消化，还可能患上龋齿，后患无穷。

中国传统糕点到清朝时发展至鼎盛，糕点制作技艺精巧，花色、口味层出不穷。就拿北京来说吧，清朝时期，北京几家知名的糕点店，比如前门大街的正明斋、东四牌楼的芙蓉斋、东四的瑞芳斋、西单的毓（yù）关

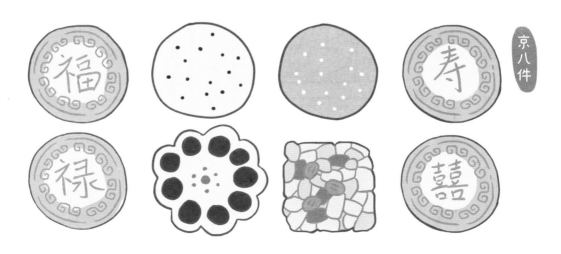

京八件

43

斋、地安门外的桂英斋，售卖的糕点令人眼花缭乱，包括老人、小孩都爱吃的桃酥、状元饼、萨其马等。当时的北京人特别爱吃糕点，上至王公贵族，下至贩夫走卒，不仅道贺、拜访时会送糕点作为礼物，逢年过节祭祖、祭神时也会用糕点当供品。除此之外，人们平日里也经常论斤买糕点，拿来待客或自己当零食吃。

晚清时期，中国对外开放口岸，各种西式点心涌入中国，在中西交流的促进下，中式传统糕点也迎来了大发展。以口岸城市天津为例，当时天津城内有名的糕点店有稻香村、紫阳观、冠生园、广隆泰、天生园等，店铺里包括广式、苏式、闽式、宁式、绍式在内的各式糕点一应俱全。时至今日，这些老字号还是最受老百姓认可的糕点店。

除了这些糕点店里卖的常规糕点外，各地还有很多极具特色的糕点。比如江南一带的荷花酥，外形层层叠叠，精致得如同手工艺品。清朝美食家袁枚在《随园食单》中也提到了不少江南糕点，包括苏州软香糕、扬州运司糕、杭州百果糕、南京白云片等等。

荷花酥

油炸的糕点

馓子

古代，寒食节期间禁止生火做饭。一天不吃饭怎么行呢？于是人们便提前一天准备好可以直接吃的冷食，馓子便是其中之一，所以馓子又名"寒具"。馓子在古代也被用于祭祀，比如东汉哲学家桓谭曾说，孔子只是一个平民百姓，却受到万世敬仰，条件好的以猪、牛、羊、鸡祭祀他，条件差的也是用酒、干肉和寒具为祭品，向他表示敬意。

馓子的"祖先"就是《楚辞》中提到的粔籹。馓子的具体做法是用盐水和面，待面团醒发后，将其搓成一根根面条，有序地缠绕着浸入油中，浸泡几个小时后，将面条取出来缠到手指上，边缠边拉扯，将面条扯成细线放入沸油中，炸至金黄色即可。

馓子耐储存，可随吃随拿，也被用作茶点。东晋权臣桓玄喜爱收藏书画，且十分好客，每逢有人来他家欣赏他收藏的古画，他总是用馓子待客。有吃的、有喝的，还有看的，本来是件很快活、惬意的事，结果有位客人吃了馓子后，

不小心把手上沾的油蹭到了古画上。这让桓玄十分懊恼，从此再也不用馓子待客了。

北宋大诗人苏轼被贬海南期间，吃到了邻居老妇炸的馓子。吃完后他诗兴大发，写了一首《戏咏馓子赠邻妪》："纤手搓来玉色匀，碧油煎出嫩黄深。夜来春睡知轻重，压匾佳人缠臂金。"

馃子

古代的糕点多用蒸和炸两种方法制作，蒸的糕点做好后要尽快吃完，否则容易腐坏，炸的糕点则可以保存较长时间。为了炸得里外透彻，炸制前的糕点一般被切成小块，形似果子，古代称为"馃（guǒ）子"。不知什么时候，"馃子"和"果子"混为一谈，比如天津人爱吃的煎饼果子里包的，其实就是炸的馃子。

北宋孟元老在《东京梦华录》中提到了一种叫"果食"的油炸糕点："以油、面、糖蜜造为笑靥儿，谓之果食，花样奇巧百端，如捺（nài）香、方胜之类。""捺香"是一种扁长、方条的香，"方胜"原为道士的法器，后来成为一种吉祥图案，看上去就是菱形或双菱形相对交叉的样子。这说明，果食的形状多种多样，有的像人脸上的小酒窝，有的是扁长方形，也有的像方胜。古代女子在七夕晚上乞巧，所供的巧果便是这样的糕点。

宋朝名将岳飞被奸臣秦桧所害，百姓无不痛恨秦桧。苏州人发明了一种油炸馃子，用面塑成人形，以滚油炸之，吃起来"咬牙切齿"，人们称其"油炸桧"，以表达对秦桧的憎恶。有人认为，油炸桧就是油条的起源。

古代食物怎样防腐

古代没有防腐剂，新鲜的农产品、肉类或是采摘的野果如果一时吃不完，很容易腐败变质，造成浪费。古人是怎么解决这一问题的呢？

对于蔬菜，古人一般通过腌制来防腐。西周时期，人们已经熟练掌握了腌制食品的技术，用盐或者酱腌制的菜称为"菹（zū）"，包括韭菹、菁（jīng）菹、茆（máo）菹、葵菹、芹菹、笋菹等，它们就是现代咸菜和酸菜的"祖先"。后来，人们又研究出了用酒糟腌菜的方法，做出了糟茄子、糟萝卜、糟姜等腌菜。

对于肉类，古人常用干制或熏制的方法防腐。宰杀牲畜之后，将肉直接切割成条，晾晒干燥就成了肉干。如果是在潮湿地区，则要用烟熏的方法使肉脱去水分制成腊肉。肉干在古代被称为"脩（xiū）"，将十条肉干结成一束称为"束脩"。"束脩"常用于上下级、亲戚和朋友之间互相馈赠。孔子招收弟子的时候，可以收取束脩作为学费。

至于水果，古人常用的防腐方法有干制和蜜渍。将新鲜水果去皮去核，切成片或块状，再用糖浸泡，然后晒成半干状态的果品，人们称之为"果脯"，主要有桃脯、李脯、苹果脯、梨脯等。将水果放入蜂蜜或浓糖浆中浸渍一段时间后制成的果品叫"蜜饯"，杨梅、话梅、西梅、橄榄、李子等水果常被人们用蜜渍的方法制成蜜饯。北方人更喜欢吃果脯，南方人则更喜欢吃蜜饯，所以我国历来有"北果脯，南蜜饯"之说，俗称"北脯南蜜"。

羹汤

　　远古时期，人类发明了陶器，制作出陶制炊具之后，便开始用它们烧水煮食物。考古发现的远古时期人们所用的炊具，如陶鬲（lì）、陶釜（fǔ）、陶甑（zèng）、陶鼎、陶罐等，大多是用于煮制食物的。如果煮的是谷物，做出来的便是粥或饭；如果煮的是肉或蔬菜，做出来的便是羹，也就是我们现在说的肉汤或菜汤。

肉羹

最初，肉羹叫"太羹"，又叫"大羹"，不加任何调料，纯用兽肉煮成，这是最原始的羹的做法。随着烹饪技术的进步，羹的做法也逐渐复杂起来，到了周朝，人们开始在煮肉羹时加入各类调料和配料，羹变得有滋有味起来。

周朝时还出现了一种加入蔬菜和调味料煮制的肉羹，叫"铏（xíng）羹"。铏是一种器皿，古人用铏盛肉羹然后在里面调和肉羹的滋味。在煮铏羹时，周朝人还讲究不同的肉应搭配不同的蔬菜，比如牛肉配藿，羊肉配苦菜，猪肉则配上薇菜。

这时的人们煮肉羹时还会加上一些"糁（shēn）"，"糁"就是粉碎的谷物。这是羹的传统做法之一，为的是让肉羹更加浓稠。儒学家郑玄在《礼记·内则》中写道："凡羹齐宜五味之和，米屑之糁。"这里的"五味"就是酸、甜、苦、辣、咸五种味道。这句话说明周朝时人们煮羹除了讲究调味，还会在其中加入糁使羹口感更好。

要想调出美味的肉羹可不容易，既要掌握好火候，又要懂得控制作料的用量，所以周朝宫廷里有专门负责煮肉羹的官员，叫"亨人"，制作用于祭祀的太羹和铏羹。周朝时肉羹的种类也很多，几乎所有能吃的肉类都可以用来煮羹，光文献中记载的就有羊羹、豕羹、犬羹、兔羹、鳖羹、鱼羹等，甚至小小的蜗牛也能用来做蜗羹。但不管用什么肉做的羹，在当时都是专供王公贵族的美食，平民百姓很难吃到。

羹还能跟治国理政联系到一起。春秋时期，齐景公外出打猎游玩，晏子在一旁陪侍。这时齐景公的宠臣梁丘据坐着马车也赶来了。齐景公看到梁丘据很开心，说："惟据与我和夫！"意思是说，只有梁丘据与我关系最和谐啊！晏子马上接过话头对齐景公说："据亦同也，焉得为和？"意思是说，梁丘据和您的关系，只能叫"同"，也就是相同，不能叫"和"，即和谐。齐景公问，"和"跟"同"有什么差别吗？晏子说，差别可大了。"和"如同调和肉羹，用水、火、醋、酱、盐、梅来烹调鱼和肉类，用柴火来煮，厨师把味道调配得恰到好处，味道太淡就添加调料，味道太重就

减少调料。这样做出来的肉羹口感均衡，喝了心情平和。君臣之间的关系也是这样，国君治国会有很多想法，对于其中一些不好的想法，臣子要敢于劝谏，让国君放弃它们；对于好的想法，臣子则要使其更加完善。这样一来，政事平和而不违背礼仪，百姓也不会起争斗之心。

说完一通道理后，晏子话锋一转，说，梁丘据却不是这样的，国君认为可以的，梁丘据也认为可以；国君认为不可以的，梁丘据也认为不可以。如果用水来调和水，谁能吃得下去？如果用琴瑟老弹一个音调，谁听得下去？君臣的想法不应当相同的道理，就是这样。

晏子不是第一个把"和"与"同"的概念与治国联系起来的人，比晏子所处时代早200多年的西周时期，太史史伯为郑桓公解答"周之弊乎"，并预言西周将要灭亡，原因是周王亲小人、远贤臣，不顾人民的意愿，且"去和而取同"，只听取相同的意见而不求和谐。史伯认为，"和"关系到天地万物生存延续，他提出："和实生物，同则不继。"意思是说，和谐才能促使万物生长，如果所有东西都相同的话，世界就无法继续发展了。

菜羹

菜羹

用蔬菜煮出来的汤就是菜羹。战国时期的思想家韩非在其著作《韩非子》中写道："尧之王天下也，茅茨不翦，采椽不斫；粝粢之食，藜藿之羹。""藜藿之羹"就是用野菜煮的羹。

春秋时期，有一次，孔子和弟子们被困在陈国和蔡国之间的地方，整整七天没吃上米饭，用来充饥的藜羹里都没有糁。大家都饿坏了，孔子还在屋里弹琴唱歌。弟子问孔子为什么在这样的境况下还能泰然自若。孔子说，君子固守仁义，所以即使遭遇祸患也不会觉得困窘。由此，吃藜羹这件事也变得高尚起来。后代文人常以吃藜羹来表示自己承袭先哲，有着安于清贫、高雅不俗的品质。

古代的菜羹五花八门，其中最有名的要数西晋文人张翰热爱的莼菜羹，除此之外，还有以竹笋、蕨菜、鱼虾熬煮的山海羹，以及北宋苏东坡发明的东坡羹。东坡羹没有任何鱼肉荤腥，将菘菜、蔓菁、萝卜、荠菜等蔬菜用水揉洗几遍，去掉苦汁，然后在大锅四壁上抹一点生油，把蔬菜放进锅中煮熟，再加入少许生米和生姜，最后熬煮成羹。东坡羹做法简单，吃起来别有滋味，深得人们喜爱。

　　后来，羹的种类越来越多，贾思勰在《齐民要术·羹臛（huò）法》中详细记载了多种羹的做法。羹所用的调味品种类也大大增加，比如豉汁、安石榴汁、椒末、豆酱清等调味品，以及姜、橘皮、小蒜、胡荽等。

古代的勺子

　　西方人吃饭主要用刀叉，我们中国人用的则是筷子和勺子。筷子在古代被称作"箸"或"梜（jiā）"，勺子也有一个古称，叫"匕"。《礼记·曲礼》中记载："羹之有菜者用梜。"意思是说，人们用筷子从羹里夹菜。那么他们用什么吃饭呢？东汉经学家郑玄认为，那时候的人们"饭黍稷用匕"，用匕吃黍和稷等谷物做的饭。

　　早期的匕大多用兽骨制成，商周时期出现了青铜匕。与现在的勺子比起来，古代的匕一般比较浅，前段更尖，用来从鼎里把煮熟的大块肉取出，也能舀盛饭食，还具有餐刀的功能。考古学家发现，很多古墓中出土的鼎都会配一把长约25厘米的长柄大匕，比如，湖北曾侯乙墓出土的九件升鼎和一件小鼎，就都配有匕。另外，还有一种镂空的小匕叫"疏匕"，用来捞羹里的小肉块，类似我们今天吃火锅时用的漏勺。

　　秦汉以后，人们发明了专门用于喝酒、吃羹的勺子，叫"匙"或"汤匙"，也叫"调羹"。一开始多为木制，后来又出现了金属或陶瓷材质的勺子。到了唐朝，勺子的形状固定为扁圆的舌形，带有长长的细柄，并一直沿用到了现在。

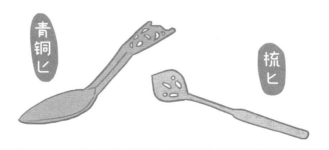

青铜匕

梳匕

从羹到汤

"汤"字原本指热水，到了隋唐时期，人们开始把羹和汤两个字连在一起用，比如唐朝诗人王建作《新嫁娘》："三日入厨下，洗手作羹汤。未谙姑食性，先遣小姑尝。"可见这时候"羹"和"汤"已经合成一个词了。

到了后世，羹汤里可以加的作料种类越来越多，羹汤的口味也越来越多。南宋诗人陆游写过一首诗叫《甜羹》："山厨薪桂软炊粳，旋洗香蔬手自烹。从此八珍俱避舍，天苏陀味属甜羹。"在另一首关于甜羹的诗中，陆游在题目中就详细记录了甜羹的做法："甜羹之法以菘菜山药芋莱菔（fú）杂为之不施醯酱山庖珍烹也戏作一绝"。这种甜羹是以木薯、山药、芋头、萝卜这些蔬菜为主料熬制而成的，里面并没有什么重口味的调料，所以自有一股植物的清甜味道，既清新又甜润，是不可多得的美食。

元朝以后，人们渐渐不再往羹汤中加糁，改用淀粉勾芡或加入面糊等方式来提高羹的浓稠度。"汤"字也逐渐代替了"羹"。比如元杂剧《窦娥冤》中就出现了一种叫"羊肚儿汤"的食物，这种汤现在也有，是以羊肚为主料熬制而成的汤，味道醇香。在展现明朝市井生活的小说《金瓶梅》中也出现了多种汤，比如主人公西门庆早餐时爱喝的"卷饼金丝鲊（zhǎ）汤"，就是用快刀把腌鱼块切成极细的丝，再加作料熬煮而成。书中还提到一种"鸡尖汤"，是把小鸡翅膀上的尖儿切碎，加入酸笋等作料做成的汤，口味酸辣。

虽然现在"汤"字用得更多，但"羹"字也没有消失，而是用来指代比汤浓稠一点儿的汤菜，比如家家都会做的"鸡蛋羹"，以及杭州名菜"宋嫂鱼羹"。

如今羹汤虽然不再被当作主菜，而成为其他菜肴的陪衬，但仍然是我们餐桌上的重要角色。许多用高档材料制作的羹汤，比如燕窝汤、海参羹，依然受到人们的欢迎。

古人喝热水吗？

平时我们身体不太舒服的时候，亲友可能会告诉我们："一定要多喝热水。"确实，此时喝热水能促进身体的新陈代谢，缓解不适症状。

古人也懂得这个道理吗？答案是肯定的。我国现有最早的医学典籍《黄帝内经》中写道："病至而治之以汤液。""汤"就是热水，可见古人是懂得喝热水的好处的。特别是冬天时，喝上一大壶热水，既暖身又解乏。

不过，对古代的普通百姓来说，想喝上一口热水并不是那么简单的事。他们没有暖水瓶和保温杯，烧柴又很费事，所以只有地主、富人才能经常喝到热水。普通百姓通常是从水缸里舀一瓢水，直接喝，甚至在河边用手捧水喝的也不少。

生水中有很多种病菌，特别是瘟疫流行的时候，直接喝生水更是危险至极。所以新中国成立之后我国开展了"爱国卫生运动"，提倡大家把水烧开再喝，从那以后，我们中国人才养成了喝热水的良好习惯。

美酒飘香

早在原始社会时期，我们的祖先就发明了酒。后来还形成了酒文化，在特定的节日要喝特定的酒，比如春节要喝屠苏酒，端午节要喝雄黄酒，中秋节要喝桂花酒，重阳节要喝菊花酒。不管是家庭聚会、招待客人，还是遇到什么喜事，宴席上总是少不了酒的身影。

为什么人们这么爱喝酒呢？这是因为酒里面含有酒精，它能刺激人的大脑，使人产生头晕目眩、飘飘欲仙的感觉。从古到今，许多文人雅士对它极尽赞美之词，比如"诗仙"李白在《将进酒》中写下不朽名句："古来圣贤皆寂寞，惟有饮者留其名……五花马、千金裘，呼儿将出换美酒，与尔同销万古愁。"那么，酒到底是怎么来的呢？

历史悠久的果酒

秋天是收获的季节，森林里到处都弥漫着成熟的水果特有的甜香，猿猴们穿梭其中。老猴王提醒年轻猿猴，让它们尽快为即将到来的冬天准备食物。于是猿猴们将水果收集起来，藏到了事先准备好的山洞和树洞里，为了隐蔽，还在洞口铺上了厚厚的树叶。

猿猴们靠着提前储存的水果顺利度过了冬天。可他们储存的水果太多了，春天来了，还有很多水果没吃完，一些没开启过的山洞和树洞也被它们遗忘了。

又是一年秋天，一只四处寻找水果的小猿猴闻到了一股独特的香味。它顺着香味来到一个树洞前，扒开洞口厚厚的树叶，看到里面有一摊液体，闻起来很香。

它开心地叫来了小伙伴们，跟大家分享自己的发现。树洞里的液体太香了，猿猴们忍不住喝起来。喝完后，它们变得非常兴奋，一起开心地跳起舞来，双手朝天上挥舞，嘴巴里还发出有节奏的声音。从那以后，猿猴们每年都要留几个装满水果的山洞和树洞放到第二年秋天再开启。有人看到猿猴们喝了这种液体后手舞足蹈起来，也好奇地尝了尝，发现真的很好喝，便也如法炮制，并将得到的液体命名为"醴（lǐ）"。

这就是"猿猴造酒"的传说，富含糖分的水果成熟后放得久了，确实会发酵产生酒精。科学家推测，我们的祖先可能就是吃了这种发酵的果实，觉得别有风味，从中获得灵感，发明了果酒。

我们中国人可能是世界上最早学会酿酒的。到底有多早呢？位于河南省舞阳县北舞渡镇西南方 1.5 千米处的贾湖村有一座中国新石器时代前期的遗址，著名的"音乐史奇迹"——贾湖骨笛，就是在那里出土的。专家分析了从贾湖遗址发掘出的陶器上的残留物，得出结论：大约 9000 年前，贾湖人就已经掌握了世界上最古老的酿酒方法。人们推测贾湖人酿酒的方法是：在气温适宜时，把果汁和蜂蜜放入陶器中发酵直至产生酒精，然后加入粳米继续发酵，最终酿造成贾湖古酒。

粮食酿造的酒

除了水果可以酿酒外，粮食也可以酿酒。人们猜测，最早的粮食酒，可能来自古人吃剩的粥饭。在奴隶社会时期，随着生产力的发展，贵族们不但能吃饱了，有时还会剩下好多粥饭，这些吃剩的粥饭堆积起来发酵了，散发出一种醉人的香气。有人忍不住好奇，拿来一尝，发现这种发酵后的粥饭味道醇厚、香甜。于是人们就开始琢磨怎么制作这种美味，逐渐掌握了酿造粮食酒的方法。

仪狄造酒

酒到底是谁发明的？除了前面说过的"猿猴造酒"的传说，还有一种说法认为是生活在夏禹时代的仪狄发明了酒。相传，仪狄以粟为原料酿出了酒，并将酒献给了治水英雄大禹。然而大禹品尝之后，放下杯子摇头说，这个东西太好喝了，会让人沉迷，以后肯定会有人因为喝酒耽误国家大事，快把它收起来吧。然后，大禹便不再信任、重用仪狄，将他远远地打发走了。

　　大禹的担忧其实是有道理的，古籍记载，夏朝的最后一位君主夏桀就沉迷于酒色，常胡乱处理政事。相传，他因为酒不够清澈，就把酿酒的人杀了。

　　商朝时，酿酒业发达，饮酒更加流行了，还成为祭祀仪式和庆祝活动中必不可少的一部分。考古发现的商朝的饮食器皿中，跟酒有关的器皿占据一半以上。专门用于祭祀的青铜酒器上，会按照使用者的身份刻有不同的精美花纹。商朝人还会用郁金这种香草和黍子一同酿造一种名为"鬯（chàng）"的香酒。为了防止大臣们上朝时因为醉酒失态，商朝设置了专门管理酒的官员——酒正，职责包括惩治酗酒的官员并劝说君王不要酗酒。这个职位延续到了周朝，并被记载在《礼记》中。

把粮食放在一边，等待其发酵成酒，实在太难控制了，所以后来人们学会了用发霉的谷物制成酒曲来酿酒。发霉的谷物中含有霉菌、酵母菌等多种微生物，可以促使粮食转化为酒。《吕氏春秋》中记载，商周时期每年仲冬时节，负责酿酒的官员大酋就要准备好高粱和稻米制作酒曲，然后把酒曲和粟米或黍子混合后放进保暖的桶里，时间一久就酿出酒了。后来，人们又用糯米饭或粳米饭酿酒，这样酿出的酒叫"米酒"，度数不高，口感醇厚甘甜。

刚酿出的米酒中含有酒渣，看起来很浑浊，所以也叫"浊酒"。酒面还会浮起浅绿色的酒渣，像蚂蚁一般细小，文人墨客称其为"浮蚁"或"绿蚁"，将这种带有酒渣的酒叫作"绿酒"。唐朝大诗人白居易《问刘十九》中的名句"绿蚁新醅酒，红泥小火炉"，说的就是这种米酒。

东汉著名科学家张衡所写的《南都赋》中也记载了一种米酒，叫"九酝春酒"，做法是在酿酒时先将一些糯米饭和酒曲投入缸中，之后每隔三天投一次糯米饭，一共投九次。这样可以使糯米饭发酵得更为充分，酿出来的酒味道甘美无比。东汉末年，曹操把九酝春酒的酿造方法进献给皇帝，后来这种酿酒法在全国范围内推广开来。

穆公亡马

《史记·秦本纪》中有个故事。春秋时期，秦穆公出去游玩，结果一匹马跑丢了。等他找到时，马已经被一群饥寒交迫的农夫抓住，分着吃掉了。秦穆公不但没有生气，还拿出酒给他们喝，以防吃马肉伤身体。农夫们非常感动。后来，这些农夫听说秦穆公被晋军围困，决定为他拼死效力，帮助秦穆公打败了晋国。

　　1977 年，在河北省平山县的战国中山王墓中，考古人员发现了两个密封的铜壶。打开铜壶，里面装着绿色的液体，散发着特殊的气味，其中一个铜壶里还有一枚椭圆形的鸭蛋。经过分析，研究人员发现这些液体里含有酒精成分，认定这是一种酒。

　　这是什么酒呢？研究人员做了进一步分析：首先，铜壶里沉淀物很多，说明这不是蒸馏酒；其次，这些液体中不含水果特有的酒石酸盐，所以不是水果酒；最后，液体中氮含量较高，还有乳酸和丁酸的成分，研究人员推测这些物质是蛋白质分解后形成的，所以铜壶中的液体应该是用谷物或者奶酿造的酒。

　　考古人员还发现了许多西汉时期的酒。可惜的是，这些酒大多存放在青铜器里，经过几千年的时光，酒中溶解了大量对人体有害的物质，颜色也变绿了，已经不能饮用了。

葡萄美酒

汉朝张骞开辟丝绸之路连通西域以后，从西域传入中原的葡萄酒成为贵族的新宠。

早在先秦时期，西域就已经栽培有葡萄。西汉时，大规模的葡萄园遍布西域各国，大宛、康居、大月氏、大夏、乌孙、于阗等地都大量种植葡萄。汉武帝时期，张骞出使西域见到成堆的葡萄，下巴都要惊掉了，他随即产生了一个疑问：葡萄并不耐放，他们种这么多吃得完吗？当地人听到这样的问题哈哈大笑，原来他们早就发明了用葡萄酿酒的方法。在大宛国，张骞看到了本地人用葡萄酿制的数万斤美酒，他们不但储存了大量的美酒，还注重酒的酿造年代和收藏价值，与当今酿酒厂的生产经验和经营思路十分相似。随后，汉朝宫廷开始从西域引种葡萄，这时葡萄仅仅是种在皇家园林里的稀罕宝贝。

葡萄含糖量高达 15% ～ 25%，甘甜而多汁，所以十分适合酿酒。魏文帝曹丕曾经向群臣推荐葡萄，说它特别适合夏天酒醉之后吃，因为葡萄"甘而不饴，酸而不脆，冷而不寒，味长汁多，除烦解渴"，而且葡萄酿出来的酒"善醉而易醒"，人喝了容易醉，但也很快就会酒醒。

葡萄酒的酿造方法很简单，从古至今没有什么变化，就是把葡萄捣碎，放到密封的罐子里发酵，之后过滤掉里面的杂质，再用木桶储存一定的时间后就可饮用了。

葡萄酒在古代是一种异常名贵的酒。记载东汉历史的《后汉书》中写有这样一件事：东汉末年，有个叫孟佗的人想要做官，因此用一斛葡萄酒贿赂汉灵帝最宠信的宦官张让，张让很高兴，便让他做了凉州刺史。汉朝的一斛大约为现在的 20.5 升，相当于 26 瓶现在常见的 750 毫升玻璃瓶装葡萄酒。

葡萄酒在古代之所以特别珍贵，是因为古代葡萄的产量低。尽管王公贵族很喜欢葡萄，但当时人们所栽培的葡萄品种对光照、水源、土壤、温度和肥料的要求都特别高，所以葡萄必须种植在最好的田地里，需要最精心的呵护。而从汉朝到魏晋南北朝时期，农业生产效率不高，良田和人力用来种粮食都不够，更无法规模化种植葡萄了。所以在那时的中原地区，葡萄只在官府和私家园林内小范围种植，主要用于观赏或遮阴。

后来，唐太宗李世民在派兵征讨西域的高昌国时，专门派人把当地产量高的马乳葡萄引进皇家园林种植，还亲自酿造葡萄美酒与大臣分享。从那以后，中原地区才拥有了高产的葡萄品种，葡萄酒也变得更常见。

　　到了明朝，葡萄已经在中国被广泛种植。北至河北，南至云南，东至山东，西至新疆，各地都栽培着不同的葡萄品种，葡萄酒也成为普通人能喝得起的饮品。明朝科学家徐光启在《农政全书》中记录了近十种不同颜色、味道和大小的葡萄品种。

从低度酒到高度酒

酒精度指的是酒的酒精含量，酒精度越高的酒，人喝了越容易醉。无论是米酒还是葡萄酒，酒精度都在 20 度以下，属于低度酒。这也是酿造法能达到的酒精度极限，因为在酒精度超过 13 度的情况下，酵母会因为"醉酒"而无法继续"工作"。所以在宋朝以前，人们喝的酒大部分都是低度的酿造酒。

唐朝大诗人李白号称"千杯不醉"，其实他喝的都是低度的米酒；《水浒传》中武松在景阳冈喝下十八大碗酒而不醉，是因为他所喝的酒的酒精度也不高。而我们现代流行的白酒动辄 50 多度，就是热爱喝酒的李白来了恐怕也受不了。

为什么现在酒的酒精度能达到 20 度以上？这得益于蒸馏法。将酿造酒进行高温蒸馏就可以得到高度数的蒸馏酒。高温蒸馏的原理是酒精的沸点比水低，升高温度使酒精蒸发成气体，气体再冷却成液体，收集起来就得到了酒精度数更高的酒。

到了元朝，蒙古人远征中亚、西亚和欧洲后，将用蒸馏法生产的高酒精度的烈性酒以及蒸馏酒制作工艺带回了中国。元朝宫廷太医忽思慧所著的《饮膳正要》中记载："用好酒蒸熬取露成阿剌吉。"这里说的"阿剌吉"就是蒸馏酒，也叫"酒露"。到了明朝，李时珍在《本草纲目》中也简述了蒸馏酒的生产方法。

中国传统的蒸馏酒主要以高粱等谷物为原料，先将这些原料酿造成酒，再进行蒸馏，就得到了市面上常见的白酒。白酒酒精度数高，人喝下去会觉得喉咙热辣辣的，所以白酒也叫"烧酒"。

古代的酒令

　　对于古代贵族士大夫来说，饮酒是一件非常愉悦、风雅的事，所以他们在聚会喝酒时经常玩一些休闲的小游戏来助兴，称作"酒令"。

　　春秋战国时期最流行的酒令叫"投壶"，这种游戏是从射箭发展来的，玩法是在席间立一个壶，大家轮流向其中投箭，命中少的人就要被罚喝酒。秦汉时期又流行一种"射覆"

游戏，就是用盆盖住一个物件，让别人来猜里面是什么，猜错了要被罚喝酒。魏晋时期，文人们发明了一种新玩法——曲水流觞。曲水就是弯曲的溪流，觞是一种带翅的酒杯，大家坐在溪流两旁，觞杯从上游顺流而下，停在谁面前，谁就得取杯饮酒，并且要即兴赋诗一首，作不出诗的，要被罚酒三斗。到了唐朝，酒令文化更加丰富多彩了。比如有种酒令的玩法是，宾客们一起抽一种叫"酒筹"的竹签，竹签上面写着不同要求，如写诗、作对联等，抽到签的人要按照签上的要求去做。

　　后来酒令的玩法更加多种多样，还包括填诗、拆字、答谚语、解谜语、说绕口令等。

茶文化

⑥

　　我们的生活中有哪些东西是必不可少的？古人曾列出一个清单：柴米油盐酱醋茶。前面六个好理解，民以食为天，没有柴火、稻米、调料就吃不上饭，但最后的"茶"不过是一种饮品，是如何成为中国人的生活必需品的呢？

作为药品的茶

茶是一种饮品，是用中国原产的植物——茶树的叶子制成的。中国人究竟是从什么时候开始喝茶的呢？关于这个问题众说纷纭，有神农说、先秦说、西汉说、三国说等，其中神农说最为神秘、最具神话色彩。

相传，在公元前2000多年，有一天，神农氏为了给人治病，像往常一样到深山野岭去采集草药。每采集一种新植物，他都要亲自品尝，这样才能鉴别这种植物是否可以食用，或者有无特殊的药效。一天，不幸降临在疲惫不堪的神农氏身上，他误服了有毒的植物，感到头晕目眩、口干舌燥。他连忙倚着一棵大树坐下，闭目调息。就在这时，一阵微风袭来，树上悄然落下几片翠绿的嫩叶，其中一片正巧飘落到神农氏的嘴里。他下意识地咀嚼了几下，顿时感到提神醒脑、精神振奋，刚才的不适一扫而空。于是，他摘下几片叶子带回去细细研究，发现这种叶子的叶脉纹路和香气都与其他树叶不同。这种神奇的树叶就是后来的茶叶。

这便是古代医书《神农本草经》中记载的"神农尝百草，日遇七十二毒，得荼（tú）而解之"的故事。"荼"是"茶"的古字。

当然，关于神农氏的传说我们难以考证其真实性，而且从现代医学的角度来讲，仅仅几片茶叶所含有的微量元素难以起到解毒的功效。从这个故事中我们可以推测，古人很早就意识到了茶叶的药用价值。

现存最早的茶学资料是西汉时期蜀地人王褒所著的《僮约》，他在书中记录了这样的情况："脍鱼炮鳖，烹茶尽具"，"牵犬贩鹅，武阳买茶"。

这说明西汉时期人们已经在喝茶和买茶了。这是茶叶发展史上最有价值的文献之一，也是关于饮茶起源于西汉的一个重要证据。

不过，因为茶自带苦味，在之后的几百年内，茶主要还是以其药用价值被人们熟知。后来人们发现喝茶还有提神醒脑、愉悦身心的功效。三国时期的张揖就曾在《广雅》中说，喝茶可以醒酒、提神，"其饮醒酒，令人不眠"。

后来，人们通过不断地钻研和试验，掌握了一套去除茶的苦涩味道，保持其香气的煮茶方法，茶才成为人们的日常饮品。《广雅》中记述了当

时人们煮茶叶的方法：将碎茶叶制成茶饼，煮茶时需要先把茶饼用火烧一烧，然后捣成末装在瓷器中，浇上热水，再加入姜、葱调味，就跟我们现在煮咸粥或者药汤相似。

水厄

东晋年间，有位爱茶的名士叫王濛。此人出身名门望族，仕途一帆风顺，而立之年就已经官至司徒左长史，还有一个当皇后的女儿。他擅长书法，喜爱丹青，还有一种在当时看来很前卫的爱好——喝茶。他不单自己爱喝茶，还喜欢在请客时让客人喝茶。

但在那个时候，饮茶的习惯还没有普及，所以王濛的这种另类嗜好没多少人能理解。特别是当时茶叶制作工艺还没有成熟，人们喝茶的方式也特别粗犷，那个时代的茶就是混合着茶叶梗、茶叶末和各种调料的汤汤水水，苦涩中混着咸味、酸味，无异于"黑暗料理"。所以在那时，对于还喝不惯茶的人来说，喝茶可算是遭罪。可是就算再喝不惯，被王濛邀请的客人们也不敢不喝。于是，朝中官员每次被邀请去他家中做客，无不哀叹：今日又要遭水厄了。后来"水厄"一词也被人们用来代指喝茶。

大众喜爱的饮料

到了唐朝中期，茶总算有了属于自己的名字。"茶圣"陆羽编撰了《茶经》一书，他将古代所称的"荼"字减去一笔，写成"茶"字，后来这个新名字得到了文人雅士的一致认可，就这样流传下来。

《茶经》是世界上现存最早的关于茶的专著。在书中，陆羽详细讲述了关于中国茶的很多知识，比如茶的生长环境，包括产地、土壤、气候等，以及茶的功用、茶的制作工艺、茶的冲泡方法、茶叶的鉴赏等知识，使茶成为一种非常高雅的文化。

唐朝人喝茶的方法是，采摘茶叶之后，将茶叶表面的水分蒸干，再用杵臼将茶叶捣成糊状，然后用模具制成茶饼或茶团；等到煎茶时，先用茶碾把茶饼或茶团碾成均匀、细碎的茶末，再将茶末放入沸水中煎煮。另外，

唐朝人煎茶时会往茶里添加姜和盐两种调料，有的人甚至还会放入葱、桂皮、橙皮等其他调料，这样煎出来的茶有点儿像现在的胡辣汤。不过，这遭到了"茶圣"陆羽的反对，他认为这样会破坏茶的原味。

到了宋朝，茶文化蓬勃发展。上至帝王将相、文人墨客，下至贩夫走卒、平民百姓，都把茶纳入日常生活之中。正如南宋文人吴自牧在《梦粱录》中所写的："盖人家每日不可阙者，柴米油盐酱醋茶。"茶已经成为百姓的生活必需品之一。另外，这时还诞生了专门卖茶水的茶肆，茶肆会针对人们在不同季节的需求，售卖不同种类的茶水。宋朝茶品种多样，茶业经济的发达可见一斑。

宋朝时流行一种叫"点茶法"的喝茶方法，需要先将茶饼或茶团碾磨成粉末；再用火熏烤茶盏，让茶盏保持一定的温度；然后将茶粉放在碗里，冲入热水，用竹筅（xiǎn）搅拌，使茶水交融、泛起泡沫，如宋朝诗人黄庭坚在《煎茶赋》中所形容的："汹汹乎如涧松之发清吹，皓皓乎如春空之行白云。"这时人们已经懂得欣赏茶本身的滋味。苏轼在《书薛能茶诗》中写到，宋朝人煎茶已经不再放盐，但煎中等品质的茶时，还要加姜。

唐宋时期，茶渐渐成为君子高尚品格的象征。因为绝大多数茶的味道都很清淡，略带一丝苦味和茶香，喝下去后却又能带来甘甜的回味，恰好契合古代最推崇的君子品德——淡泊明志，所以茶深受文人喜爱。苏轼在《叶嘉传》中把茶比作"风味恬淡，清白可爱"的君子，代表了古人对茶的普遍看法。

明朝之前，人们通常是将茶叶做成茶团或茶饼。到了明朝，明太祖朱元璋出身于农民家庭，最恨铺张浪费，所以他下诏要求地方不要再进贡茶团，并改用最简单的方法喝茶，也就是喝散茶。散茶就是未经压制的、散开的茶叶，我们现在最常见的就是这种散茶。散茶怎么喝呢？直接用开水泡就行！由此，喝茶方式变得越来越简单，普通百姓也开始普遍喝茶了。

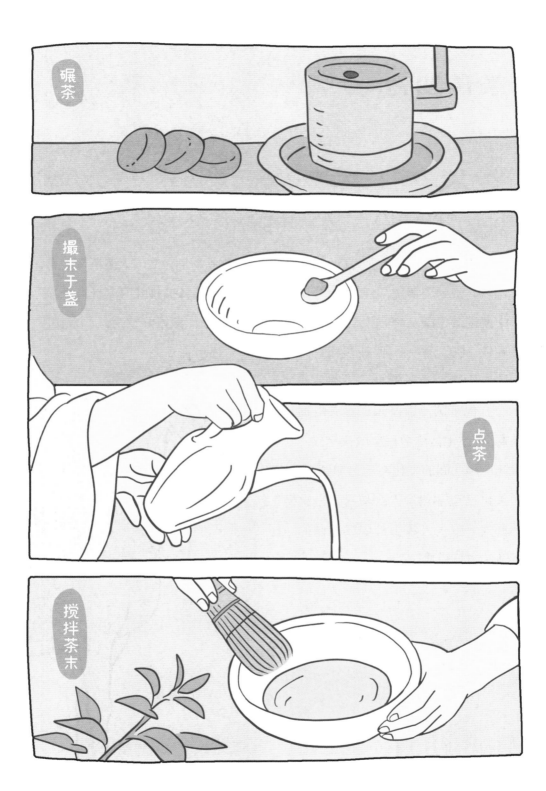

碾茶

撮末于盏

点茶

搅拌茶末

茶传四方

茶主要产于气候温润的南方。伴随着中原政权的扩张，以及各地之间商贸往来越来越频繁，产自南方的茶叶开始由南向北、由东向西传播。

唐朝时，茶传入北方的回鹘和蒙古。唐太宗时期，文成公主远嫁吐蕃，将茶叶带到了那里。吐蕃就是今天的西藏地区。唐德宗时期的《封氏闻见录》中就记载了茶从南方传至北方塞外的过程："茶，南人好饮之，北方初不多饮。开元中……遂成汉俗……始自中地，流于塞外。"在后来的五代十国，以及宋辽金并立时期，中原地区少数民族政权林立，让民族之间的文化交流更加频繁，茶也迅速在党项人、契丹人、女真人、蒙古人等少数民族控制的地区流行起来。

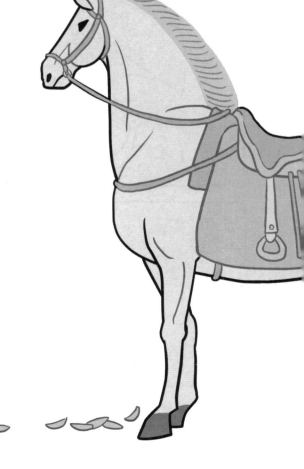

为什么本来没有喝茶习惯的少数民族很快就接纳了茶这种饮品，甚至到了"宁可一日无粮，不可一日无茶"的地步呢？其实自先秦时期开始，中国就形成了"华夷杂处、农牧分立"的格局，游牧民族聚居在牧区，汉族聚居在农耕区。游牧民族生活的地区自然条件比较恶劣，牧民们不得不面对严寒、风暴、干旱等各种恶劣的气候，因此他们需要食用大量的肉和奶制品来维持体能和补充热量。这样的自然条件和游牧的生活习性，使得牧民们很难获取新鲜的蔬菜和水果。这种不均衡的饮食结构很容易引起身体不适和生理疾病。

而茶富含茶多酚、咖啡碱、氨基酸，以及多种维生素、矿物质和微量元素，能够像蔬菜、水果一样为人体提供营养成分。茶中的芳香油还可以帮助肠胃溶解动物脂肪，达到降低胆固醇的效果。明朝诗人谈修所著的《滴露漫录》中就写道："其腥肉之食，非茶不消。"

所以，茶一经传入，立刻受到爱吃肉的北方游牧民族的喜爱，人们对茶的需求量也迅速提升。北方游牧地区无法种植茶树，日常所需的茶只能从中原地区运送过去。官方馈赠、官方贸易和走私是这些地区的人民获得茶叶的三种途径，其中又以以物易物的方式最为常见，也就是用马匹、皮毛等物品换取茶叶。《明史》中记载，西北的准噶尔部和哈萨克部常常用马来换取茶叶，"唯马匹归官，将茶易换"。当时，茶叶在这些地区价值不菲，据史料记载，明朝洪武年间，茶和马的交易标准是"凡上马每匹给茶四十斤，中马三十斤，下马二十斤"。一匹上等好马才能换四十斤茶叶。

茶馆的繁荣

早在东晋时期，南方地区就有小贩挑着担子到大街上卖茶了，但那时候茶还只是在士大夫的小圈子里流行，老百姓对此不太感兴趣，所以卖茶的生意很难做大。直到唐朝中期，全国各地才陆续出现了茗铺，也就是茶馆。最早的茶馆只卖茶不卖别的，客人来了，交钱就能喝一碗煎好的茶，就跟现在的奶茶店差不多。

到了宋朝，随着茶的普及，大城市里的茶馆开始兴盛起来。这些茶馆除了卖各种茶，如擂茶、葱茶等，还售卖其他饮料和点心，比如冬天时卖盐豉汤，到了夏天卖各式冷饮以及馓子、重阳糕等点心。为了招徕顾客，茶馆老板还会引进曲艺艺人来奏乐、唱曲、说书。南宋文学家洪迈著的《夷坚志》中就提到，在都城临安的嘉会门外，有茶馆会在门上张贴广告："今晚讲说《汉书》。"此时的茶馆已经不再只是单纯卖茶，而成为集休闲、娱乐、交易等功能于一体的场所。

到了清末民初时期，茶馆数量更多了，而且所售饮品、点心价格便宜。这时的茶馆不仅仅服务于达官贵人，也是老百姓经常出入的休闲、社交场所。当然，要在茶馆里听艺人讲评书、唱曲或是看杂剧是要额外加钱的，即便如此，人们依然很爱去茶馆。徐珂所著的《清稗类钞》中就写道："扬州人好品茶，清晨即赴茶室，枵（xiāo）腹而往，日将午，始归就午餐。"不仅扬州人爱喝茶，在北京城里，许多卖力气的劳工在劳累了一天之后，也常会进茶馆吃一碗面条，听一段评书，喝一碗清茶，再跟同行打听一下明天哪里招工，几乎是把茶馆当半个家了。

- 小知识 -

茶的种类

茶叶的分类方法很多，可按照产地、出产季节、再加工方式等标准划分。一般来说，按照发酵程度，可以将茶叶分成三大类。

第一类是红茶，也就是全发酵茶。摘下茶叶之后，先搓揉叶片，再让茶叶自然发酵数小时，之后加热茶叶即可制成红茶。祁门红茶、正山小种等都是红茶。

第二类是绿茶，即不发酵茶。摘下茶叶之后，不经过发酵直接炒制就能制成绿茶。我国著名的绿茶有杭州西湖龙井、河南信阳毛尖以及碧螺春茶等。

第三类是乌龙，属于半发酵茶。乌龙茶的茶叶发酵时间比红茶短。福建出产的安溪铁观音茶和大红袍茶都属于乌龙茶。

7

奶和奶制品

奶是一种古老的饮品，在1万多年前，人类开始驯养动物的时候就已经在饮用动物奶汁了。但在中国古代，人们一直把奶和奶制品看成少数民族地区的专属饮食。因为生活在中原地区的农耕民族主要以种植粮食为生，畜牧牛羊主要是为了耕田或是吃肉，并不是为了喝奶。但随着我国农耕民族和游牧民族文化交流的不断深入，酪、酥、奶茶等奶制品开始传入中原地区，成为中原地区人民喜爱的美食。

奶

对于游牧民族而言，奶是最容易获得的饮品，所以奶很早就成为他们饮食文化的重要组成部分。有民俗学家考证，早在公元前6世纪，我国北方草原上的匈奴人就已经形成了喝马奶的饮食习惯。《史记》中记载，有个叫中行说的人，劝匈奴冒顿可汗不要吃汉人的饮食，要喝匈奴传统的"湩（dòng）"，吃匈奴传统的"酪"，以此表示自己不忘本。"湩"就是奶，"酪"就是奶制品。

在中原地区，人们以农耕为生，养殖牛羊的规模不大，也缺少运输、储存奶的手段，所以起初并没有饮用鲜奶的习惯，对奶制品也不大感冒。而这样的饮食文化可能对中国人的体质产生了影响。科学家研究发现，大部分中国人都缺乏足以分解乳糖的乳糖酶基因，所以普遍乳糖不耐受，喝多了奶会产生腹泻等症状。汉朝有位公主嫁到了西域的乌孙国，每天"以肉为食兮酪为浆"，这让她非常不习惯，所以她特别思念故乡，写下了"愿为黄鹄兮归故乡"的诗句。

奶是一种营养丰富的高蛋白食物，对人体非常有好处，所以随着游牧民族南下扩张的步伐，奶顺理成章地进入了中原地区的饮食清单。比如魏晋南北朝时期的史籍《洛阳伽蓝记》中提到，当时在北魏都城洛阳，人们的主要饮料是"酪浆"，也就是奶；茶反而被称作"酪奴"，也就是奶的奴仆。

酪

酪是一种古代常见的奶制品，是将奶进行发酵做成的半凝固状的食品，有点儿像现在的酸奶。春秋战国时期，中原地区已经有了关于酪的记载，比如《礼记·礼运》中记载："以炮以燔，以亨以炙，以为醴酪。"这里的"酪"可能指的就是奶制品，不过也有人认为指的是醋。如果说这里还有争议，那么《楚辞·大招》中所写的"鲜蠵（xī）甘鸡，和楚酪只"中的"酪"，就可以确定是一种奶制品了。这句话的意思是，把新鲜甘美的大龟、肥鸡和楚国出产的奶酪一同煮来吃。到了汉朝，"酪"这个字就已经牢牢地和奶制品绑定在一起了。东汉末年刘熙所著的《释名》中写道，酪这种东西是用乳汁制成的，吃了可以让人长得白白胖胖。可见酪在当时已经受到人们的推崇。

西汉汉宣帝时期还出现了"养羊酤酪"的专业户，专门养羊来挤羊奶做奶酪，有个叫杨恽的人因此赚得盆满钵满。"羊酪"在当时是一种珍贵的礼品。

到了魏晋南北朝时期，北方少数民族政权挥师南下入主中原，酪等奶制品也随之广泛地进入中原地区。北魏时期的敦煌壁画中，就有挤奶图、制酥图、打酥油图等，展现了当时人们制作奶制品的过程。《齐

酪

民要术》中详细记载了将奶制成酪的方法，主要是从奶中提取出油脂，再将余液进行发酵。

一合酪

《世说新语》中记载，东汉末年，有人送给曹操一杯酪，曹操吃了一点儿，然后在盖上写了一个"合"字。人们都不知道这是什么意思。曹操的一个谋士杨修看见了，拿起酪就吃了一口，说："曹丞相的意思是让我们一人吃一口酪。"这是因为"合"字拆开有一个"人"、一个"一"和一个"口"，就是一个人一口的意思。聪明的杨修解开了这个"合"字谜，所以二话不说就吃了一口酪。

冰酪

元朝宫廷中有一种食物叫"冰酪"，是将酪冰冻后制成的。相传它被意大利旅行家马可·波罗带到了欧洲，是现代冰激凌的"祖先"。

干酪和漉酪

中国古代也有固态且干硬的奶酪，比如干酪和漉（lù）酪。它们是将乳酪表面生成的酪皮捞出，放在阳光下曝晒后做成的奶制品，可以长期保存。

酥

将奶中的脂肪提炼出来，做成的奶制品被古人称作"酥"，也叫"酥油"。《齐民要术》中记载了一种用酪制作酥的"抨酥法"：把奶放进桶里，用装有柄的木板捶打，并在捶打过程中加水稀释，直至奶中的脂肪浮出，把脂肪捞出放进锅里用慢火煎熬，将其中的水和奶煎出，酥就做成了。

醍醐灌顶

我们所说的"醍醐灌顶"中的"醍醐"其实是一种精制的酥。古代佛经《大般涅槃经》中记载："譬如从牛出乳，从乳出酪，从酪出生酥，从生酥出熟酥，从熟酥出醍醐。"《饮膳正要》中记载，取一千斤上等酥油放到锅中煎熬，然后将多余的液体过滤掉，再将酥油用大缸装起来，待大部分酥油冷却凝固，剩下一点儿没有凝固的清油就是醍醐。醍醐非常珍贵，古人认为它是世上最甘美的食物，所以佛家用"醍醐"来比喻最高妙的佛法或智慧，后来人们用"醍醐灌顶"来比喻受到启发，恍然大悟。

唐朝时有一种叫"酥山"的冷饮，就是先将酥加热到近乎融化的状态，然后把它淋到盘子中的碎冰块上，做出山峦的造型，然后插上鲜花作为装饰。除了白色的酥山，还有红色或绿色的酥山，是用"贵妃红"或"眉黛青"等染料染色制作而成的。

奶茶

要说现在最流行的饮品是什么，那非奶茶莫属了，如今大街小巷奶茶店随处可见。在阳光灿烂的周末，约上三五好友逛街，走累了便捧一杯奶茶坐在街边长椅上细细品尝，丝滑的奶茶顺着喉咙滑下，弹性十足的"珍珠"在齿间跳跃，沐浴着午后温暖的阳光，别提多惬意了。

虽然我们现在把奶茶叫作"新茶饮"，但奶茶还真说不上"新"，早在 1000 年前，奶茶便已经出现在华夏大地上了。大约在公元 7 世纪，文成公主将茶带入吐蕃，茶便迅速与藏地饮用牛羊奶的习俗结合，孕育了融合茶香和奶香的奶茶。

吐蕃人制作奶茶的方法是先把茶叶捣碎后装在布袋中，再放在铁锅里用开水熬煮，然后在茶水中倒入鲜奶继续熬煮，最后加入调料即可饮用。因为西藏地区海拔较高，很难将水烧开来沏茶，所以必须使用熬煮的方法将茶煮透。

在这一时期，位于现在新疆地区的回鹘也出现了奶茶。后来，这种具有鲜明民族特色的饮品风行于藏地与北方草原，成为牧民最主要的饮品，之后又传入中原。

茶和奶的碰撞并不限于边疆地区，在唐朝都城，也是当时国际大都市的长安，同样能寻觅到奶茶的

奶茶壶

身影。唐朝文人李繁在《邺侯祖传》中记载："皇孙奉节王煎加酥椒之类，求泌作诗，泌曰：'旋沫翻成碧玉池，添酥散作琉璃眼。'"搅拌奶茶时出现的奶泡被诗人比喻为"琉璃眼"，可见在当时的长安，饮用奶茶已成为一种时尚。

不同于我们现在常喝的甜奶茶，古人喝的奶茶是咸的。宋朝文学家苏辙在《和子瞻煎茶》中说："君不见，闽中茶品天下高，倾身事茶不知劳；又不见，北方俚人茗饮无不有，盐酪椒姜夸满口。"其中就提到了当时煮茶时所用的盐、花椒和姜几种作料。

为什么奶茶一开始是咸味而不是甜味的呢？因为真正意义上的蔗糖制糖法是唐朝时期才由印度传入中国的，在此之前中国本土只有饴糖，饴糖不易溶于水。所以，在蔗糖制糖法传入之前，中国人就像煮汤一样来煮奶茶，煮出来的奶茶也是咸的。在蔗糖被广泛运用之后，古人也习惯喝咸的奶茶。现在内蒙古和新疆等地区的人们仍然保持着这种传统，往奶茶里加盐和香料，最常喝的还是咸奶茶。

为了能喝到优质的奶茶，清朝宫廷曾经专门聘请过十一名蒙古熬茶人来熬制奶茶。他们做奶茶是取"牛乳三斤半，黄茶二两，乳油二钱，青盐一两"，加上玉泉山的山泉水一起熬煮，香浓丝滑的奶茶就熬好了。除了供皇帝和后妃饮用，奶茶也常出现在祭祀祖先和招待来使等重要场合。清朝乾隆帝曾作诗称赞奶茶："酪浆煮牛乳，玉碗凝羊脂。御殿威仪赞，赐茶恩惠施。"清朝宫廷筵宴中专门设有进茶的环节，外藩王公入宫觐见时，皇帝也会给他们赐茶，赐的就是奶茶。

奶茶在唐朝时随着丝绸之路向西传播，到欧洲之后进行了改良：加入蔗糖。而且奶茶的制作工艺也大幅度地简化，由熬煮变为冲煮，冲煮茶叶后加入奶和蔗糖混合即可。甜奶茶就这样在欧洲传播开来。

珍珠奶茶

　　今天我们经常饮用的珍珠奶茶起源于我国台湾地区，是由 17 世纪中期荷兰殖民者传入的印度奶茶演变而来的。20 世纪 80 年代，台湾奶茶迎来了爆发期，一时间台湾街头处处都是奶茶店。在这一时期，珍珠奶茶这种具有划时代意义的奶茶出现了。珍珠奶茶中的"珍珠"是东南沿海地区的一种特色食品——粉圆。粉圆是用木薯淀粉、地瓜淀粉或马铃薯淀粉等制成的淀粉球。将加入色素的粉圆放入奶茶中，就制成了现在流行的珍珠奶茶。

- 小知识 -

古代的冷饮

　　古人很早就发现，在夏季喝一点儿带酸味、甜味的饮料更解渴。比如，粟米煮出来的米汤发酵以后，可以制成带一点儿酸味的"酢（cù）浆"，用甘蔗榨出的甜甜的汁水叫"柘（zhè）浆"，这些都是古人十分喜爱的夏季清凉饮品。

　　饮品如果能够冰镇一下，就更能清热解渴了。早在西周时期，宫廷中就有一种叫"凌人"的官员，专门负责在冬天取冰，并把冰储存在地窖中，等到夏季再将冰取出来冰镇食物和酒。

　　冰鉴是一种用来盛放冰块、冰镇食物的器具，可以看作古代的冰箱。早在战国时期，古人就已经学会了用青铜制作冰鉴。冰鉴的设计十分巧妙，分内外两层，两层之间可以填充冰块，内层的方壶中可以盛放需要保鲜或冰镇的食品和饮品。屈原所著的《楚辞·招魂》中有"挫糟冻饮，酎清凉些"，意思是说，滤掉糟渣的美酒冰镇后，饮用起来十分清凉可口。

有了冰块，古人就能在夏季玩出许多新花样。比如，《东京梦华录》中记载，在当时的开封街市上，有的冷饮铺堆着冰块，制作并售卖一种叫冰雪荔枝膏的冷饮："皆用青布伞，当街列床凳，堆垛冰雪，卖冰雪荔枝膏……"冰雪荔枝膏到底长什么样，我们现在已经不得而知了，但清凉的冰和香甜醉人的荔枝放到一起，还是会引起人们无尽的遐想。《梦粱录》中也记录了雪泡豆儿水、雪泡梅花酒、富家散暑药冰水等诸多冷饮，让人看得眼花缭乱。

冰鉴

酒 冰

- 结语 -

古代交通运输不发达，所以古人吃的零食多就地取材，带有鲜明的地域特色，比如山东省莱阳县的鸭梨、广西壮族自治区荔浦市的芋头酥、湖南省长沙市的臭豆腐……老一辈人出门旅游的时候，总要买一大堆土特产和亲友分享。

现代人的零食来源就广泛多了，一颗看似普通的红枣，可能来自天山脚下；一粒手剥松子，可能来自巴基斯坦与阿富汗接壤处的高山河谷。在物质丰富的现代，我们的零食种类十分丰富，还出现了许多新品种的零食，比如"红枣夹核桃"，就是把红枣剖开，去除枣核，然后把核桃仁加进去，吃起来既有核桃的酥香，又有红枣的甘甜。

而现代的饮品也是花样繁多，不仅传统的酒、茶、奶有了不同的品种和口味，还多了碳酸饮料、咖啡等饮品。

不过不得不说的是，绝大多数现代零食和饮品中都有人工添加剂，热量也极高。如果不好好吃饭，每天用零食填饱肚子，用饮料代替清水解渴，又不加强运动，身体很容易变得肥胖，甚至患上脂肪肝以及心脑血管疾病。所以零食也好，饮品也好，都只能当成生活中的调剂，大家可不要贪吃、贪喝哦。